高校入試 近道問題 **14**生物・地学

この本の特色

① **コンパクトな問題集**

　入試対策として必要な単元・項目を短期間で学習できるよう，コン
とめた問題集です。直前対策としてばかりではなく，自分の弱点を見つけ出す診
断材料としても活用できるようになっています。

② **豊富なデータ**

　英俊社の「高校別入試対策シリーズ」や「公立高校入試対策シリーズ」などの
豊富な入試問題から問題を厳選してあります。

③ **まとめ**

　各章のはじめに，その単元の簡単な「まとめ」が載せてあります。入試頻出の
重要な語句については穴埋め問題になっているので，教科書などを見ながら全体
をまとめていきましょう。ページは少ないですが，入試やテストに直結する重要
な内容が満載です。

④ **＼CHIKAMICHI／ ちかみち**

　まとめには載せきれなかった入試重要事項は，解説の **ちかみち** に載せてあり
ます。さらに高得点につなげる重要な内容です。

⑤ **詳しい解説**

　別冊の解答・解説には，多くの問題について詳しい解説を掲載しています。
間違えてしまった問題や解けなかった問題は，解説をよく読んで，しっかりと
内容を理解しておきましょう。

この本の内容

1 植物のつくりとなかま 近道問題

◆花のつくり

・**被子植物**…**胚珠が子房におおわれている**植物のなかま

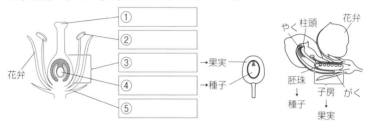

花弁

①

②

③ →果実

④ →種子

⑤

やく 柱頭 花弁

胚珠
↓
種子

子房 がく
↓
果実

・**裸子植物**…**子房がなく，胚珠がむき出しの**植物のなかま

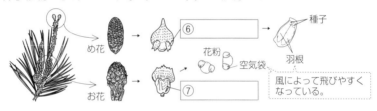

め花

お花

⑥ →種子

羽根

花粉 空気袋

⑦

風によって飛びやすく
なっている。

◆根・茎・葉のつくり

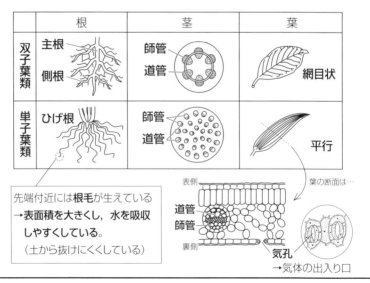

	根	茎	葉
双子葉類	主根 / 側根	師管 / 道管	網目状
単子葉類	ひげ根	師管 / 道管	平行

先端付近には**根毛**が生えている
→表面積を大きくし，水を吸収
しやすくしている。
（土から抜けにくくしている）

表側

道管
師管

裏側

葉の断面は…

気孔
→気体の出入り口

◆種子をつくらない植物

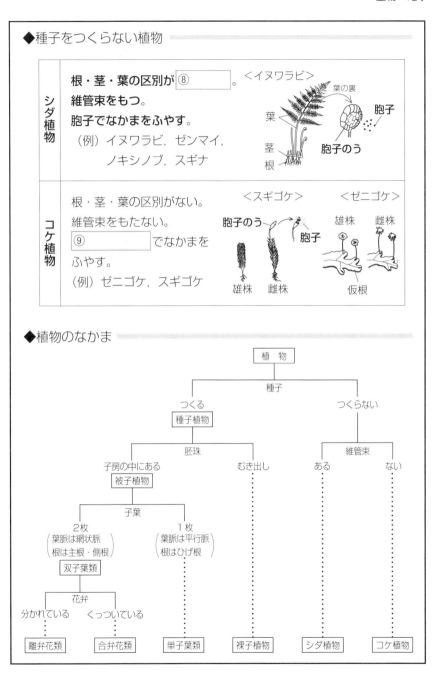

シダ植物	根・茎・葉の区別が ⑧ 　　　　　。 維管束をもつ。 胞子でなかまをふやす。 （例）イヌワラビ，ゼンマイ， 　　　ノキシノブ，スギナ	＜イヌワラビ＞ 葉の裏 葉 胞子 茎 胞子のう 根
コケ植物	根・茎・葉の区別がない。 維管束をもたない。 ⑨ 　　　　　でなかまを ふやす。 （例）ゼニゴケ，スギゴケ	＜スギゴケ＞　　＜ゼニゴケ＞ 胞子のう 胞子 雄株　雌株 雄株　雌株 仮根

◆植物のなかま

```
                          植　物
                            |
                           種子
              ┌─────────────┴─────────────┐
            つくる                      つくらない
           種子植物                          |
              |                           維管束
        ┌─────┴─────┐              ┌────────┴────────┐
      胚珠                        ある               ない
  子房の中にある    むき出し          ┊                ┊
    被子植物          ┊              ┊                ┊
       |             ┊              ┊                ┊
      子葉           ┊              ┊                ┊
  ┌────┴────┐        ┊              ┊                ┊
 2枚        1枚      ┊              ┊                ┊
(葉脈は網状脈) (葉脈は平行脈)  ┊       ┊                ┊
(根は主根・側根)(根はひげ根)   ┊       ┊                ┊
   |                          ┊      ┊                ┊
  双子葉類                      ┊      ┊                ┊
   |                          ┊      ┊                ┊
  花弁                         ┊      ┊                ┊
┌──┴──┐                       ┊      ┊                ┊
分かれている くっついている      ┊      ┊                ┊
 [離弁花類] [合弁花類]     [単子葉類] [裸子植物]    [シダ植物]      [コケ植物]
```

1 図1はサクラの花，図2はマツの枝とその一部を示したものである。これについて，次の問いに答えなさい。 (京都明徳高[改題])

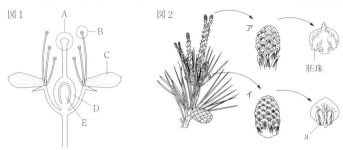

(1) 図1のA～Eの名称を答えなさい。

A (   ) B (   ) C (   ) D (   )

E (   )

(2) マツの雌花は図2の**ア**，**イ**のどちらか。記号で答えなさい。(   )

(3) 図2のaの部分の名称を答えなさい。(   )

2 図1はある植物の葉の一部の断面を，図2は茎の一部の断面を表したものです。これについて後の問いに答えなさい。 (関大第一高)

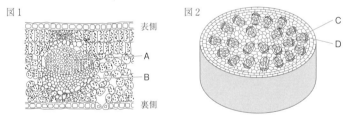

(1) 図1の植物のAとBの管の束をあわせて何といいますか。その名称を答えなさい。(   )

(2) 葉で作られた栄養分が運ばれる管はどれですか。図1と図2から1つずつ選び，記号で答えなさい。またその管の名称も答えなさい。

図1 (   ) 図2 (   ) 名称 (   )

(3) 図2のような茎の断面をもつ植物を**ア**～**オ**からすべて選び，記号で答えなさい。(   )

ア トウモロコシ **イ** ヒマワリ **ウ** イネ **エ** ユリ

オ ホウセンカ

3 下図は，植物を大きな特徴でとらえ，A〜Eの5つに分類したものです。次の各問いに答えなさい。 (大阪高)

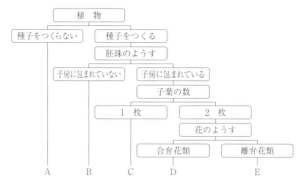

(1) 図のAの植物は種子でなく何をつくって増えますか。漢字で答えなさい。

（　　　　　　）

(2) 図のBに分けることのできる植物を何といいますか。漢字で答えなさい。

（　　　　　　）

(3) 図のCに分けることのできる植物を何といいますか。漢字で答えなさい。

（　　　　　　）

(4) 図のD，Eに当てはまる植物を次の**ア**〜**エ**のイラストからそれぞれ1つずつ選び，記号で答えなさい。D（　　　）　E（　　　）

4 植物について，次の問いに答えなさい。 (京都明徳高[改題])

(1) 次の文はコケ植物の体のつくりについて説明したものである。正しい文になるように，文中の①・②についてどちらの語句が正しいか選び，答えなさい。①（　　　）　②（　　　）

コケ植物の体には，水や養分を運ぶための維管束が①（あり，なく），葉や茎，根の区別が②（ある，ない）。

(2) コケ植物と同じような方法でなかまをふやす植物は何植物か答えなさい。

（　　　　　　）

2 植物のはたらき

◆光合成と呼吸

| 水 | 光 | デンプン |

葉緑体

二酸化炭素　酸素
※昼（明るい時）のみ行う
＜光合成＞

栄養分　水

細胞

酸素　二酸化炭素
※昼と夜（一日中）行う
＜呼吸＞

[実験]　A 緑色の部分　B　C　D

アルミニウムはく　白色の部分　熱湯　エタノール　水ですすぐ　ヨウ素液

A…ふ入りのアサガオを一昼夜おき，日光に当てる。
→葉にある ① をなくすため。
B…葉を熱湯につける。→脱色しやすくするため。
C…温めたエタノールにつける。→葉の緑色を脱色するため。
D…ヨウ素液につける。→デンプンの有無を調べる。

◆蒸散

からだの中の水分を水蒸気として**気孔**から出すはたらき。**体温調節**や**根からの水の吸収**をさかんにする。

[実験] A…葉の表・葉の裏にワセリンをぬる。
→ ② から蒸散
B…葉の表にワセリンをぬる。
→**葉の裏・茎**から蒸散
C…葉の裏にワセリンをぬる。
→**葉の表・茎**から蒸散
D…何もしない。
→**葉の表・葉の裏・茎**から蒸散

油　水
A　B　C　D
※油を浮かべる
→ ③ からの水の蒸発を防ぐ。

●蒸散量
茎＝A
葉の表＝C－A（または，D－B）
葉の裏＝B－A（または，D－C）

1 アジサイの光合成について調べるために、右図
のような外側が白くなった葉（ふ入りの葉）を使っ
て、下の手順で実験を行いました。これについて、
次の各問いに答えなさい。　　　（上宮太子高[改題]）

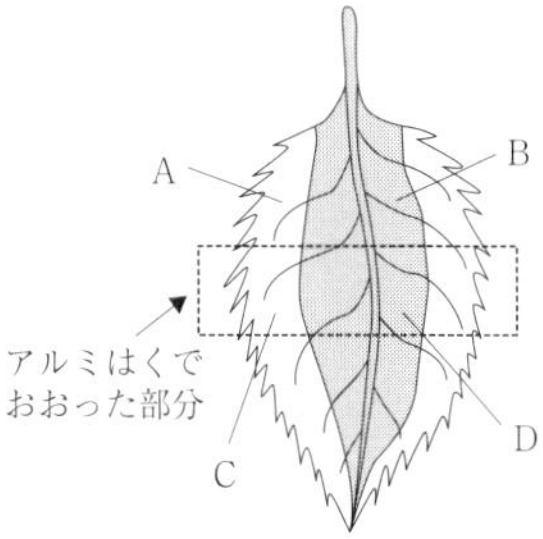

〔手順〕

1　実験の前日に、[　X　]。

2　鉢植えのアジサイの葉の1枚を選んで、図
で示した部分をアルミはくでおおってから葉に光を十分に当てた。

3　葉を茎からつみとり、アルミはくをはずしてから熱湯に浸し、その後、
エタノールの中に葉を入れた。

4　葉を水洗いした後、ある試薬につけて葉のA～Dの色の変化を調べた。

〔結果〕

Bの部分だけ色が変わった。

(1)　手順①の空欄Xにあてはまる文章として正しいものを、次のア～エから1
つ選んで、記号で答えなさい。（　　　　）

ア　アジサイの葉を茎からつみとっておいた

イ　アジサイの鉢植えの土に肥料を与えた

ウ　アジサイの鉢植えを暗い場所に置いた

エ　アジサイの鉢植えに水をやった

(2)　アジサイの葉に見られるような葉脈を何といいますか。漢字で答えなさい。
（　　　　　　）

(3)　手順3で、葉をエタノールに入れたのはなぜですか。
（　　　　　　　　　　　　　　　）

(4)　手順4で用いる試薬の名称を答えなさい。（　　　　　）

(5)　次の①、②のことを確かめるためには、図のA～Dのうち、どの2か所の
結果を比べればよいですか。組み合わせとして正しいものを、下のア～カか
らそれぞれ1つずつ選んで、記号で答えなさい。

①　光合成は葉の緑色の部分で行われる。（　　　　）

②　光合成には光が必要である。（　　　　）

ア　AとB　　イ　AとC　　ウ　AとD　　エ　BとC

オ　BとD　　カ　CとD

2 オオカナダモを用いて次の実験を行いました。以下の問いに答えなさい。

（大阪学院大高）

【実験】

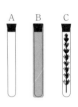

　　青色の BTB 溶液を数滴加えて息を吹き込み緑色にした水を，右図のように試験管 A，B，C に分けた。その後試験管 A には何も入れず栓をした。試験管 B と C にはそれぞれオオカナダモを入れて栓をし，試験管 B はアルミ箔で全体を覆った。そして，この 3 本の試験管に 3 時間日光を当て，BTB 溶液の色の変化を調べた。

　　結果，試験管 A は変色しなかったが，試験管 B と C は変色した。

(1) 試験管 B の溶液の色の変化が起こった理由について，次の文にあてはまる語句を次のア〜コから 1 つずつ選び，記号で答えなさい。

　　　①（　　　） ②（　　　） ③（　　　） ④（　　　）

　　「オオカナダモは，このとき ①（ア　呼吸　　イ　光合成）は行わず，②（ウ　呼吸　　エ　光合成）のみを行ったので，溶液中の ③（オ　酸素　カ　二酸化炭素　　キ　窒素）が増加して，溶液が ④（ク　酸性　　ケ　中性　コ　アルカリ性）になったため色が変化した。」

(2) 試験管 B と C の中の溶液の色は 3 時間後，それぞれ何色になっていますか。最も正しい組み合わせを右のア〜エから選び，記号で答えなさい。

　　　　　　　　　　　　　　　　（　　　）

	試験管 B	試験管 C
ア	青色	青色
イ	青色	黄色
ウ	黄色	青色
エ	黄色	黄色

(3) 試験管 A と C の実験結果の比較から，オオカナダモが光合成を行うときに何を吸収したと考えられますか。漢字で答えなさい。（　　　　　）

(4) (3)のように，ある条件以外は同じにして 2 種類の実験を行うことがある。このように，調べようとしている 1 つの条件以外の条件を同じにして行う実験のことを何というか，漢字で答えなさい。（　　　　　）

3 蒸散について調べるために，葉の大きさや枚数，茎の太さがほぼ同じアジサイを3本用意した。図のA～Cのように水を入れた試験管にアジサイを差し，水面に少量の油を注いだのち，葉にワセリンを塗り，全体の質量を測定した。1時間置いたのち，再び質量を測定し水の減少量を計算した。表はその結果をまとめたものである。
(京都西山高)

図

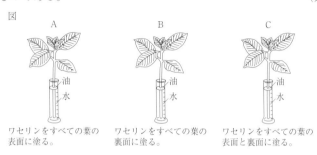

ワセリンをすべての葉の　　ワセリンをすべての葉の　　ワセリンをすべての葉の
表面に塗る。　　　　　　　裏面に塗る。　　　　　　　表面と裏面に塗る。

表

	A	B	C
水の減少量（g）	4.8	2.6	1.2

(1) 実験の結果より，蒸散は葉の表，裏のどちらの面で盛んにおこなわれているか，「表」・「裏」のいずれかで答えなさい。（　　　　　）

(2) 下線部の操作をおこなわずに実験をおこなうと，水の減少量は表の結果と比べてどのように変化するか。「大きくなる」・「小さくなる」・「変わらない」のいずれかで答えなさい。（　　　　　）

(3) (2)の答えになるのはなぜか。その理由を簡単に答えなさい。
（　　　　　　　　　　　　　　　　　　　　　　　　　　　　　　）

(4) 実験とほぼ同じアジサイにワセリンを塗らないで，同じ実験をおこなった。1時間置くと1時間の水の減少量は何gになるか。表の値を用いて計算しなさい。ただし，アジサイの茎からの蒸散による水の減少量は表のCの値とする。（　　　　g）

(5) 蒸散における水蒸気の放出はどこからおこなわれるか答えなさい。
（　　　　　）

(6) (5)を通して出入りする物質を1つ答えなさい。ただし，解答は水蒸気以外とする。（　　　　　）

3 動物のつくりとなかま 近道問題

◆セキツイ動物

からだに ① _____ がある動物を**セキツイ動物**といい，これらは
魚類・両生類・ハチュウ類・鳥類・ホニュウ類の５つに分類できる。

特徴	魚類	両生類	ハチュウ類	鳥類	ホニュウ類
体表	うろこ	ぬれている	うろこ／こうら	羽毛	毛
生活場所	水中	水中／陸上	陸上		
呼吸器官	えら	えら／肺	肺		
体温	変温			恒温	
なかまのふやし方	卵生				胎生
卵のようす	殻がない		殻がある		
例	**サメ** アジ フナ	カエル **イモリ** サンショウウオ	**ヤモリ** カメ トカゲ ヘビ	**ペンギン** ハト ニワトリ ツバメ	**イルカ** **クジラ** **コウモリ** サル

◆無セキツイ動物

②		動物		軟体動物	その他
昆虫類	**甲殻類**	その他			
バッタ チョウ	エビ カニ	クモ ムカデ		イカ アサリ	ミミズ クラゲ

◆進化

＜セキツイ動物の進化＞

魚類 → 両生類 → ハチュウ類 → ホニュウ類
鳥類

③ _____ 器官…もとは同じ形や
はたらきであった
と考えられる器官

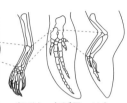

ワニ　イモリ　クジラ　ハト

＜陸上の植物の進化＞
コケ植物 → **シダ植物** → **裸子植物** → **被子植物**

1 明さんは，いろいろなセキツイ動物の「①呼吸のしかた」，「②子のうまれ方」などの特徴について調べ，カードを作成した。その後，作成したカードを使って，セキツイ動物を分類する学習を行った。下のA～Fのカードは，作成したカードの一部である。 (福岡県[改題])

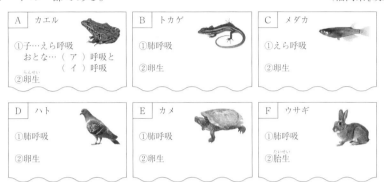

A　カエル
①子…えら呼吸
おとな…（ ア ）呼吸と
（ イ ）呼吸
②卵生

B　トカゲ
①肺呼吸
②卵生

C　メダカ
①えら呼吸
②卵生

D　ハト
①肺呼吸
②卵生

E　カメ
①肺呼吸
②卵生

F　ウサギ
①肺呼吸
②胎生

(1) Aの（ ア ），（ イ ）に，適切な語句を入れなさい。

ア（　　　　） イ（　　　　）

(2) A～Fを，魚類，両生類，ハチュウ類，鳥類，ホニュウ類の5つのグループに分けると，2枚のカードは同じグループに分類された。そのグループは，5つのグループのうちのどれか。（　　　　　　　）

(3) 下の　　　　内は，学習後，明さんが，無セキツイ動物のなかまである節足動物と軟体動物の体の特徴について調べた内容の一部である。

> カブトムシやカニなどの節足動物には，体の外側をおおっている（ X ）というかたい殻があり，体やあしには節がある。イカやタコなどの軟体動物の体には，内臓を包みこむ外とう膜というやわらかい膜，節のないやわらかいあしがある。

① 文中の（ X ）に，適切な語句を入れなさい。（　　　　　　　）

② 下線部のなかまを，次のア～エから1つ選び，記号を書きなさい。

（　　　）

ア　クラゲ　　イ　クモ　　ウ　バッタ　　エ　アサリ

2 ブリ，カエル，トカゲ，スズメ，イヌの特徴について，いろいろな見方で調べたことを表にまとめた。後の問いに答えなさい。 (富山県[改題])

表

	ブリ	カエル		トカゲ	スズメ	イヌ
体表	うろこ	しめった皮膚		うろこ	羽毛	毛
呼吸器官	えら	幼生	成体	肺	肺	肺
		えら	(X)			
子のうまれ方	卵生	卵生		卵生	卵生	胎生

(1) 調べた動物にはすべて背骨がある。背骨がある動物を何というか，書きなさい。(　　　　　　)

(2) 次の文は，カエルの呼吸のしかたについてまとめたものである。空欄(X)，(Y)に適切なことばを書きなさい。なお，空欄(X)と表中の空欄(X)には同じことばが入る。(X)(　　　　　)　(Y)(　　　　　)

　　カエルの成体は呼吸器官である(X)だけでなく，(Y)でも呼吸している。

(3) 他の身近な動物としてコウモリについて調べた。その結果として正しいものはどれか，次の**ア～カ**からすべて選び，記号で答えなさい。(　　　　　)

ア 体表はしめった皮膚でおおわれている。

イ 体表はうろこでおおわれている。

ウ 体表は羽毛でおおわれている。　**エ** 体表は毛でおおわれている。

オ 子のうまれ方は卵生である。　　**カ** 子のうまれ方は胎生である。

3 動物について，後の問いに答えなさい。 (関大第一高[改題])

(問) 草食動物と肉食動物の特徴を示すものを，次の**ア～ク**からすべて選び，それぞれ記号で答えなさい。草食動物(　　　　　) 肉食動物(　　　　　)

ア 視野が狭いが立体的に見える範囲が広い

イ 視野が広く広範囲を見わたせる

ウ 足先がひづめになっている

エ するどいかぎ爪をもち，やわらかい肉球がある

オ
カ
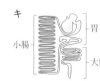キ
ク

4 セキツイ動物の進化について，各問いに答えなさい。　　　　　（精華女高）

(1) 進化としてあてはまらないものを，次のア〜ウから1つ選び，記号で答えなさい。（　　　）

　　ア　フィンチという鳥は，食物の種類によってくちばしの形が異なる。

　　イ　オタマジャクシは成長するとカエルになる。

　　ウ　ヘビの体内には，後ろあしに似た骨が残っている。

(2) カエルの前あしと起源が同じであるからだのつくりとしてあてはまるものを，次のア〜ウから1つ選び，記号で答えなさい。（　　　）

　　ア　ヒトのあし　　イ　スズメのつばさ　　ウ　チョウのはね

(3) シソチョウは体全体が羽毛でおおわれており，歯や長い尾をもち，つばさの先には爪があることから，何類と何類の中間的な性質をもつ生物であると考えられているか。次のア〜エから1つ選び，記号で答えなさい。（　　　）

　　ア　ホニュウ類と両生類　　イ　両生類とハチュウ類

　　ウ　鳥類とハチュウ類　　エ　鳥類とホニュウ類

(4) 次の表はセキツイ動物のなかまの特徴を示したものである。下の①，②の問いに答えなさい。

セキツイ動物	生活の場	呼吸のしかた	子孫の残し方
ホニュウ類	陸上	肺呼吸	胎生
両生類	水中や陸上	子はえら呼吸，親は肺呼吸と皮ふ呼吸	（ A ）
ハチュウ類	陸上	（ B ）	卵生
魚類	水中	えら呼吸	卵生

① 表の空欄（ A ），（ B ）にあてはまる語句を答えなさい。

　　(A)(　　　　　)　(B)(　　　　　)

② 表よりセキツイ動物のなかまが出現した順に，古いものから並べたものとしてあてはまるものを次のア〜エから1つ選び，記号で答えなさい。

（　　　）

　　ア　両生類→魚類→ホニュウ類→ハチュウ類

　　イ　両生類→ハチュウ類→魚類→ホニュウ類

　　ウ　魚類→両生類→ホニュウ類→ハチュウ類

　　エ　魚類→両生類→ハチュウ類→ホニュウ類

4 ヒトのからだのしくみ 近道問題

◆消化

食物を分解し，栄養分を吸収しやすい物質にすることを**消化**という。消化は口からこう門までつながった1本の管（**消化管**）を通る間に行われる。

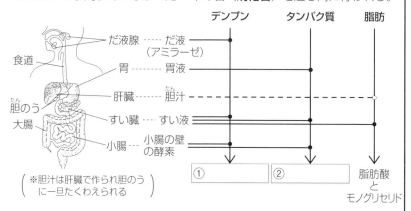

(※胆汁は肝臓で作られ胆のう
に一旦たくわえられる)

◆吸収

消化された栄養分は，小腸で吸収される。小腸の壁には，**表面積を大きくし，栄養分を効率よく吸収するための** ③ がある。

◆血液

A. **赤血球**…酸素を運ぶ。(**ヘモグロビン**を含む)

B. **白血球**…細菌などの異物を分解する。

C. **血小板**…血液を固め，出血を止める。

D. **血しょう**…栄養分，二酸化炭素，不要物を運ぶ。

◆心臓

A. **右心房**…全身から血液が戻る。(静脈血)

B. **左心房**…肺から血液が戻る。(動脈血)

C. **右心室**…肺へ血液を送り出す。(静脈血)

D. **左心室**…全身へ血液を送り出す。壁の筋肉が最も厚くなっている。(動脈血)

弁…血液の逆流を防ぐ。

◆肺

酸素を取り入れ，二酸化炭素を
排出する。肺内部には**肺胞**と呼
ばれる小さな袋が無数にあり，
これによって，**表面積を広げ，**
ガス交換を効率良くしている。

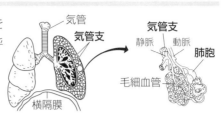

◆感覚器官

・目

A. ④ 　　　　　 …光の量を調節する。

B. ⑤ 　　　　　 …光を屈折させて像を結ぶ。

C. ⑥ 　　　　　 …光の刺激を受け取る。

D. **視神経**…光の刺激を脳へ伝える。

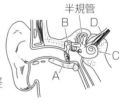

・耳

A. ⑦ 　　　　　 …音の振動を受け取る。

B. ⑧ 　　　　　 …鼓膜の振動をうずまき管
　　　　　　　　　に伝える。

C. ⑨ 　　　　　 …内部の液体の振動を聴神経
　　　　　　　　　に伝える。

D. **聴神経**…音の刺激を脳へ伝える。

◆刺激の伝わり方

・一般的な反応

$\left(\begin{array}{l}皮ふ→感覚神経→せきずい→\\ 筋肉←運動神経←せきずい←\end{array}\right.$ 大脳 $\left.\right)$

・**反射**…**危険から身を守るために**生まれ
　　　つき持っている反応で，**無意識**
　　　に起こる。

$\left(\begin{array}{l}皮ふ→感覚神経→\\ 筋肉←運動神経←\end{array}\right.$ **せきずい** $\left.\right)$

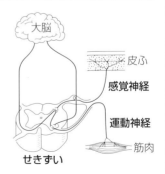

1 次の文章を読み，以下の各問いに答えなさい。 （追手門学院高）

ヒトは，生きていくために必要な栄養分を食物
からとり入れています。食物にふくまれている炭
水化物や脂肪，タンパク質などの栄養分は，体の
はたらきによって消化され，小さな物質に変えら
れて吸収されます。消化には，さまざまな消化器
官から出される消化液のはたらきが必要です。図
は，おもなヒトの消化器官や呼吸器官を示したも
のです。

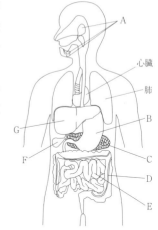

(1) A でつくられる消化液を答えなさい。

（　　　　　　）

(2) デンプンのりを加えた水溶液に A でつくら
れた消化液を入れてはたらかせた後，ベネジク
ト液を加えて加熱したとき，色の変化が起こりました。ベネジクト液を加え
た後の加熱前と加熱後の色を答えなさい。

加熱前（　　　　色）　加熱後（　　　　色）

(3) B，E，G の器官をそれぞれ答えなさい。

B（　　　　）　E（　　　　）　G（　　　　）

(4) B の器官から出される消化液には，ある物質が含まれているため，強い酸
性を示します。この物質は何ですか，答えなさい。（　　　　　　）

(5) C の器官から出される消化酵素として正しいものを，以下の**ア〜オ**からす
べて選び，記号で答えなさい。（　　　　　）

ア ペプシン　　**イ** アミラーゼ　　**ウ** トリプシン
エ リパーゼ　　**オ** モノグリセリド

(6) F の器官でたくわえられる液体を答えなさい。また，この液体が F から放
出される場所を答えなさい。液体（　　　　）　場所（　　　　）

(7) G のはたらきとして誤っているものを，以下の**ア〜オ**から 1 つ選び，記号
で答えなさい。（　　　）

ア 有害物質を無害化する　　**イ** F にたくわえられる液体をつくる
ウ 栄養分をたくわえる　　　**エ** アンモニアを尿素にかえる
オ 尿をつくる

2 右図は，ヒトの血液の循環を模式的に表したものであり，図中の矢印は，血液が流れる向きを示している。次の各問いに答えなさい。(博多女高)

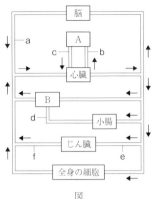
図

(1) 次の①，②の物質を最も多く含む血液が流れている血管を，図の血管a〜fからそれぞれ選び，記号で答えなさい。
   ① 酸素（　　　　）
   ② 二酸化炭素（　　　　）

(2) 図のA，Bの器官はそれぞれ何か，語句で答えなさい。A（　　　　）　B（　　　　）

(3) 図で，心臓→血管b→A→血管c→心臓の順に回る血液の経路を何というか，語句で答えなさい。（　　　　）

(4) 流れる尿素の量が最も少ない血管を，図の血管a〜fから1つ選び，記号で答えなさい。（　　　　）

(5) 図の血管dにおいて，食後しばらくしたとき流れる量が増える物質を次のア〜カから2つ選び，記号で答えなさい。（　　　　）（　　　　）
   ア　デンプン　　イ　ブドウ糖　　ウ　モノグリセリド
   エ　脂肪酸　　オ　アミノ酸　　カ　タンパク質

3 図1は，ヒトの腕の骨格と筋肉のようすを，模式的に表したものである。このことに関して，次の問いに答えなさい。

(新潟県[改題])

図1
筋肉A
筋肉B

(問) 図1について，腕を曲げるときの，筋肉Aと筋肉Bの動きとして，最も適当なものを，次のア〜エから1つ選び，その記号を書きなさい。（　　　　）
   ア　筋肉Aと筋肉Bがともに縮む。
   イ　筋肉Aと筋肉Bがともにゆるむ。
   ウ　筋肉Aが縮み，筋肉Bがゆるむ。
   エ　筋肉Aがゆるみ，筋肉Bが縮む。

5 生殖・遺伝

◆生殖

・ ① 　　　　　　…雌雄の区別があるふえ方。親と異なる特徴の子
　　　　　　　　　　　が生まれることがある。

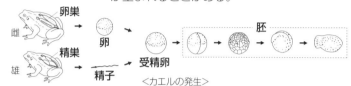

＜カエルの発生＞

・ ② 　　　　　　…雌雄の区別がないふえ方。親の形質をそのまま
　　　　　　　　　　　受け継ぐため，親とまったく同じ特徴の子が生
　　　　　　　　　　　まれる。

●分裂：ゾウリムシ，アメーバなど単細胞生物
●栄養生殖：ジャガイモ（地下茎），サツマイモ（根），アジサイ（さし木）

◆遺伝

・**形質**…生物がもつ形や特徴のこと

　顕性形質…純系どうしをかけ合わせたとき，子に現れる形質
　潜性形質…純系どうしをかけ合わせたとき，子に現れない形質

・**遺伝**…親の形質が子に伝わること
・**遺伝子**…形質を現すもとになるもの
・**DNA**…遺伝子をつくる物質
・**メンデル**…エンドウの種子を材料に，遺伝の規則性を見つけた

＜メンデルの実験＞

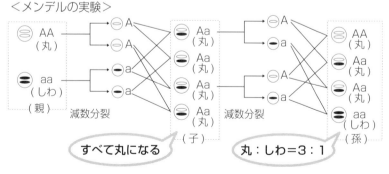

すべて丸になる　　　　丸：しわ＝3：1

1 次の1，2の問いに答えなさい。　　　　　　　　　　　（山梨県[改題]）

1 動物の有性生殖における，受精卵の変化を調べるために，次の観察を行った。(1)，(2)の問いに答えなさい。

〔観察〕 カエルの受精卵を採取し，双眼実体顕微鏡で細胞分裂のようすを観察した。観察では，受精卵の細胞分裂の過程における特徴的なようすをスケッチした。

(1) 次のアはカエルの受精卵，イ〜オはその後の細胞分裂のようすをスケッチしたものである。アの受精卵は細胞分裂の過程でどのように変化するか。イ〜オを，変化していく順に並べて記号で書きなさい。

（ ア → 　 → 　 → 　 → 　 ）

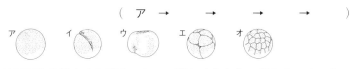

(2) 受精卵が細胞分裂をくり返すことで，形やはたらきの異なるいくつかの部分に分かれ，親と同じような形へと成長し，個体としてのからだのつくりが完成していく過程を何というか，その名称を漢字2字で書きなさい。

（　　　　）

2 植物の生殖について，次の(1)，(2)の問いに答えなさい。

(1) 次は，植物の有性生殖についてまとめた文章である。①〜③に当てはまるものをア，イから1つずつ選び，その記号をそれぞれ書きなさい。

①（　　）②（　　）③（　　）

被子植物では，花粉がめしべの柱頭につくと，花粉から柱頭の内部へと花粉管がのびる。このとき，花粉の中でつくられた①〔ア 卵細胞 イ 精細胞〕が，花粉管の中を移動していく。花粉管が胚珠に達すると，胚珠の中につくられた生殖細胞と受精して，受精卵ができる。そして，受精卵は細胞分裂をくり返して②〔ア 胚 イ 核〕になり，胚珠全体はやがて③〔ア 果実 イ 種子〕になる。

(2) 花粉から花粉管がのびるようすは，顕微鏡で観察することができる。顕微鏡の観察では，はじめは広い視野で観察できるようにする。ある顕微鏡を確認したところ，倍率が10倍，15倍の接眼レンズと，4倍，10倍，40倍の対物レンズがあった。この顕微鏡で観察をするとき，最も広い視野で観察できるレンズの組み合わせでは，顕微鏡の倍率は何倍になるか，求めなさい。（　　　　倍）

2　次図の A 〜 F は，タマネギの根の先端を切りとって，60 ℃のうすい塩酸に約
1 分間入れてあたためたあと，染色液を 1 〜 2 滴入れ，プレパラートを作り，顕
微鏡で観察した細胞の模式図です。下の各問いに答えなさい。

（東海大付大阪仰星高）

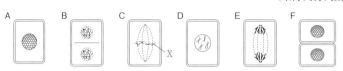

(1)　図の A 〜 F のような細胞分裂を一般に何といいますか，答えなさい。

（　　　　　　）

(2)　切りとった部分をうすい塩酸に入れてあたためたのはなぜですか，次のア
〜エから 1 つ選び，記号で答えなさい。（　　　　）

ア　1 つ 1 つの細胞が離れやすくなるようにするため

イ　細胞分裂をさかんにおこなうようにするため

ウ　細胞の変形を防ぐため

エ　染色液が細胞によく染まるようにするため

(3)　この観察で使用する染色液はどれですか，次のア〜エから 1 つ選び，記号
で答えなさい。（　　　　）

ア　ベネジクト液　　イ　フェノールフタレイン液

ウ　ヨウ素溶液　　　エ　酢酸オルセイン液

(4)　(3)の染色液は，細胞中の何を染めますか，次のア〜オから 1 つ選び，記号
で答えなさい。（　　　　）

ア　核　　イ　葉緑体　　ウ　液胞　　エ　細胞膜　　オ　細胞壁

(5)　図の A 〜 F を細胞分裂が進む順に左から並べなさい。ただし，A から始ま
るものとします。（　A　→　　　　→　　　　→　　　　→　　　　→　　　　）

(6)　図中のひも状 X は何といいますか，答えなさい。（　　　　　　）

(7)　細胞分裂には，生殖細胞がつくられるときに図中の X の数が半分になる分
裂があります。この分裂を特に何といいますか，答えなさい。（　　　　　　）

3 メンデルはエンドウの種子の形などの形質に注目して，形質が異なる純系の親をかけ合わせ，子の形質を調べた。さらに，子を自家受粉させて，孫の形質の現れ方を調べた。表は，メンデルが行った実験の結果の一部である。後の問いに答えなさい。 (富山県)

表

形質	親の形質の組合せ	子の形質	孫に現れた個体数	
種子の形	丸形×しわ形	すべて丸形	丸形 5474	しわ形 1850
子葉の色	黄色×緑色	すべて黄色	黄色 (X)	緑色 2001
草たけ	高い×低い	すべて高い	高い 787	低い 277

(1) 遺伝子の本体である物質を何というか，書きなさい。(　　　　　)

(2) 種子の形を決める遺伝子を，丸形はA，しわ形はaと表すことにすると，丸形の純系のエンドウがつくる生殖細胞にある，種子の形を決める遺伝子はどう表されるか，書きなさい。(　　　　)

(3) 表の (X) に当てはまる個体数はおおよそどれだけか。次のア～エから1つ選び，記号で答えなさい。なお，子葉の色についても，表のほかの形質と同じ規則性で遺伝するものとする。(　　　　)

ア　1000　　イ　2000　　ウ　4000　　エ　6000

(4) 種子の形に丸形の形質が現れた孫の個体5474のうち，丸形の純系のエンドウと種子の形について同じ遺伝子をもつ個体数はおおよそどれだけか。次のア～エから1つ選び，記号で答えなさい。(　　　　)

ア　1300　　イ　1800　　ウ　2700　　エ　3600

(5) 草たけを決める遺伝子の組合せがわからないエンドウの個体Yがある。この個体Yに草たけが低いエンドウの個体Zをかけ合わせたところ，草たけが高い個体と，低い個体がほぼ同数できた。個体Yと個体Zの草たけを決める遺伝子の組合せを，それぞれ書きなさい。ただし，草たけを高くする遺伝子をB，低くする遺伝子をbとする。Y(　　　　)　Z(　　　　)

6 生物のつながり 近道問題

◆食物連鎖

・生物どうしのつながり

自然界の生物は，互いに**食べる・食べられるの関係**によりつながっている。このようなつながりを， ① という。

② …植物がつくった有機物を直接，または，間接的に利用する動物

③ …光合成により，無機物から有機物をつくりだす植物

・個体数のつり合い

それぞれの個体数は，ピラミッド型になるようにつり合いが保たれており，一時的に特定の生物が急激に増減しても，互いのはたらきで再びつり合いが保たれる。

A：消費者
（肉食動物）

B：消費者
（草食動物）

C：生産者
（植物）

（例）B が急増する

→A は増加し，C は減少する。（A のえさが増え，C の敵が増えるから）

→B は減少する。（B のえさが減り，敵が増えるから）

→もとに戻る

・物質の循環

自然界では，**有機物**や**無機物**の形で物質が循環している。

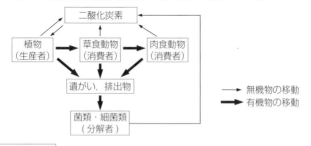

④ …有機物を無機物に分解する生物。ミミズやダニなどの小動物，**菌類・細菌類**のなかまが属する。

1 図1は，自然界で生活している植物，草食動物，肉食動物の食べる・食べられるの関係のつながりを示したものである。図2は，地域Yにおける植物，草食動物，肉食動物の数量的な関係を模式的に示したものである。植物，草食動物，肉食動物の順に数量は少なくなり，この状態でつり合いが保たれている。(1)〜(3)に答えなさい。　　　　　　　　　　(徳島県[改題])

図1

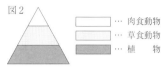

図2

(1) 図1の 草食動物 にあたる生物の組み合わせとして，最も適切なものをア〜エから選びなさい。(　　　)

　ア　チョウ，クモ　　　　イ　バッタ，カエル

　ウ　チョウ，バッタ　　　エ　クモ，カエル

(2) 次の文は，図1の生物の生態系における役割について説明したものである。文中の（ ① ）・（ ② ）にあてはまる言葉を書きなさい。ただし，（ ② ）にはあてはまるものをすべて書くこと。①(　　　　　)　②(　　　　　)

　　生態系において，自分で栄養分をつくることができる生物を生産者とよぶ。これに対して，自分で栄養分をつくることができず，ほかの生物から栄養分を得ている生物を（ ① ）とよび，図1の生物の中では（ ② ）があたる。

(3) 生物の数量的なつり合いについて，答えなさい。

　　図3は，地域Yにおいて，なんらかの原因により肉食動物が一時的に増加したのち，再びもとのつり合いのとれた状態にもどるまでの変化のようすを示したものである。正しい変化のようすになるように，ア〜エを図3の(A)〜(D)に1つずつ入れたとき，(B)・(C)にあてはまるものを，それぞれ書きなさい。ただし，数量の増減は図形の面積の大小で表している。また，図の┈┈線は，図2で示した数量のつり合いのとれた状態を表している。

　　(B)(　　　)　(C)(　　　)

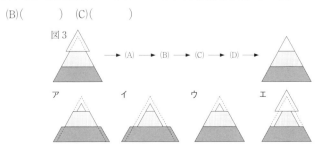

図3

2 以下の各問いに答えなさい。 (近江兄弟社高[改題])

　生態系ではさまざまな生物とそれを取りまく環境が互いに影響し合っている。生物どうしでは食べる，食べられるなどの関係がある。また，生物と環境の間では水分や光が植物の成長に影響したり，生物が酸素を取りこんで生命活動に必要なエネルギーをつくったりしている。さらに人間の活動が盛んになるにつれ，生態系にもその影響が及び，さまざまな問題を引き起こしている。次図は自然界での炭素の循環の様子を模式的に示したものである。

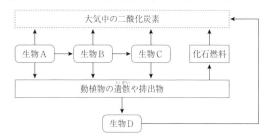

(1) 図中での，生物 A，B，C の間の「食べる，食べられるという関係」を何といいますか。漢字で答えなさい。(　　　　　　)

(2) 図中で，生物 A を生産者とすると生物 D は何といいますか。また，生物 B を草食動物とすると生物 C は何ですか。それぞれ漢字で答えなさい。
　生物 D (　　　　　　)　生物 C (　　　　　　)

(3) 図中で矢印が一か所抜けているところがあります。それはどの部分か，図の中の言葉を用いて，解答例に従って答えなさい。

〔解答例〕 動植物の遺骸（いがい）や排出物 ┌──────────────┐

↓　　　　　　　　　　↓

生物 B ┌──────────┐

(4) 琵琶湖の生態系についても，「食べる，食べられるという関係」があります。次のア～エの生物を（食べられる）⇒（食べる）の順に記号で並べて答えなさい。(　　→　　→　　→　　)

　ア　ホンモロコ　　イ　ビワマス　　ウ　ミジンコ　　エ　トビ

(5) 人間が多くの化石燃料を使用することにより，大気中の二酸化炭素が増加しています。二酸化炭素増加が原因となる環境問題を次のア～エから1つ選び，記号で答えなさい。(　　　　)

　ア　オゾン層の破壊　　イ　地球温暖化　　ウ　土壌汚染　　エ　大気汚染

3 土の中の生物のはたらきを調べるため次の実験を行い，表1の結果を得た。下の各問いに答えなさい。 (精華女高)

【実験】

手順1：雑木林からとった土をビーカーに入れ，水を加えてよくかき混ぜ放置し，図1のように上ずみ液を布でこしとった。

土と水を混ぜたもの

布でこしとった液
図1

手順2：こしとった液を図2のように同量ずつA，Bの袋に分け，次の処理をそれぞれ行った。

$\begin{cases} 袋A：水 100cm^3 を加える。 \\ 袋B：デンプン溶液 100cm^3 を加える。 \end{cases}$

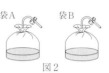

袋A　　　　袋B

図2

手順3：それぞれの袋に十分な空気を入れ密閉し，20～35℃の暗い場所に4日間置いた。

手順4：袋A，Bの中の気体をそれぞれ石灰水に通し，色の変化を観察した。

手順5：袋A，Bにそれぞれヨウ素液を数滴加えて，色の変化を観察した。

	手順4	手順5
	石灰水の反応	ヨウ素液の反応
袋A	変化なし	X
袋B	白くにごった	変化なし

表1

(1) 表1の手順4の結果から土の中の生物は何を行っていると考えられるか答えなさい。(　　　)

(2) 表1のXにあてはまる結果を次のア～ウから1つ選び，記号で答えなさい。(　　　)

ア　青紫色に変化した　　イ　白くにごった　　ウ　変化なし

(3) 表1の手順5の結果から，袋Bで変化がなかった理由を次のア～ウから1つ選び，記号で答えなさい。(　　　)

ア　光合成をすることで，デンプンが分解されたから。

イ　こしとった液中の生物によって，デンプンが分解されたから。

ウ　4日間置いたことで，こしとった液中の生物が死んだから。

(4) こしとった液を煮沸したものに，デンプン溶液 $100cm^3$ を加えて上の実験と同じ条件で4日間置いた場合，袋の中の気体を石灰水に通すと白くにごるか，にごらないか答えなさい。(　　　)

7 大地の変化

近道問題

◆火山と岩石

火 山 岩	流紋岩	安山岩	玄武岩
深 成 岩	花こう岩	せん緑岩	はんれい岩
造岩鉱物の割合(%)	セキエイ　　チョウ石 クロウンモ　カクセン石　キ石　カンラン石		
岩石の色	白っぽい	⇔	黒っぽい
二酸化ケイ素の量	多い	⇔	少ない
粘性(ねばりけ)	強い(大きい)	⇔	弱い(小さい)
溶岩の温度	低い	⇔	高い
火 山	溶岩ドーム 爆発的な噴火になる	成層火山 火山灰と溶岩が交互に重なる	たて状火山 おだやかな噴火をくりかえす
〈 代 表 例 〉	・昭和新山 ・有珠山 ・雲仙普賢岳	・富士山 ・桜島 ・浅間山	・キラウエア ・マウナロア

・**火成岩**…マグマが冷え固まってできた岩石

　①　　　　：マグマが地表や地表近くで急に冷えてできた岩石

　②　　　　：マグマが地下深くでゆっくり冷えてできた岩石

・鉱物

　無色鉱物：セキエイ（無色・不規則にわれる）
　　　　　　チョウ石（白色・柱状にわれる）

　有色鉱物：クロウンモ（黒色・うすくはがれる）
　　　　　　カクセン石（暗緑色・長い柱状）
　　　　　　キ石（暗緑色・短い柱状）
　　　　　　カンラン石（黄緑色・短い柱状）

火山岩
（斑状組織）

深成岩
（等粒状組織）

◆堆積岩

れき岩	2mm以上の粒	含まれる粒の大きさによって区別
砂岩	0.06～2mmの粒	→流水のはたらきにより，**粒は丸みを帯びている**
泥岩	0.06mm以下の粒	
石灰岩	炭酸カルシウムが主成分	**塩酸**をかけると**二酸化炭素**が発生する
チャート	二酸化ケイ素が主成分	塩酸をかけても変化が見られない
凝灰岩	火山灰などの火山噴出物	

◆化石

・ ③ …堆積した当時の環境を知る手がかりとなる化石。

(生息する範囲が**狭く，長期間**生きている生物)

> サンゴ：あたたかくきれいな浅い海
> アサリ：浅い海
> シジミ：河口や湖

・ ④ …堆積した時代を知る手がかりとなる化石。

(生息する範囲が**広く，短期間**に絶滅した生物)

> 古生代：サンヨウチュウ，フズリナ
> 中生代：アンモナイト，恐竜
> 新生代：ビカリア，ナウマンゾウ

◆地層

・地層からわかること

柱状図

凝灰岩の層 → **火山の噴火**があった

泥岩の層 → **深い海**であった

砂岩の層

れき岩の層 → **浅い海**であった

海面が上昇
または，
海底が沈降

・大地の変化

⑤ ：地殻の変動でできた地層のずれ

しゅう曲：大きな力を受けて，地層が波打つように曲がったもの

1 火山と火山岩について，以下の各問いに答えなさい。

（橿原学院高）

(1) 火山には図1のような3つの形状がある。昭和新山（北海道）は，どの形状にあてはまるか。A～Cの記号で答えなさい。（　　　）

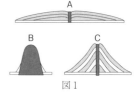

図1

(2) 図1のAのような，傾斜のゆるやかな火山が作られるときのようすを示すものとして，最も適当なものを，次から選び，ア～エの記号で答えなさい。（　　　）

ア　溶岩のねばりけが大きく，比較的おだやかな噴火をする。

イ　溶岩のねばりけが大きく，激しい爆発をともなう噴火をする。

ウ　溶岩のねばりけが小さく，比較的おだやかな噴火をする。

エ　溶岩のねばりけが小さく，激しい爆発をともなう噴火をする。

(3) 図2は，ある火山岩をルーペで観察し，スケッチしたものである。これについて答えなさい。

図2

① この岩石には，Pのような大きな結晶とそれ以外のQの部分が観察された。P，Qそれぞれの部分の名称を漢字で答えなさい。

P（　　　　　）　Q（　　　　　）

図3

② このような火山岩のつくりは　　　組織と呼ばれている。空欄にあてはまる語句を漢字で答えなさい。（　　　）

③ 次の文は，火山岩について述べたものである。ア，イの空欄にあてはまる語句を答えなさい。

ア（　　　）　イ（　　　）

　　ア　が冷え固まった岩石を　イ　という。　イ　のうち，　ア　が地表付近で急に冷え固まったものが火山岩と呼ばれる。

④ 図2のPの大きな結晶を調べると，鉱物の割合が図3のようになった。この火山岩の名称を答えなさい。（　　　　）

⑤ ④の火山岩がよくみられる火山の形状を，図1から1つ選び，A～Cの記号で答えなさい。（　　　）

⑥ 次の岩石の中で，火山が存在する地域の地表によく見られるものを1つ選び，ア～エの記号で答えなさい。（　　　）

ア　カコウ岩　　イ　セッカイ岩　　ウ　ギョウカイ岩　　エ　チャート

2 ある地域の A〜C 地点での地層の観察を行った。図1は A〜C 地点における地表から深さ 10m までの地層の重なり方を表した柱状図である。A〜C 地点の海面からの高さを調べたところ、それぞれ 158m、149m、155m であった。それぞれの層は厚さが一定で水平に重なっており、断層はなく、地層の上下の逆転もなかった。また、A

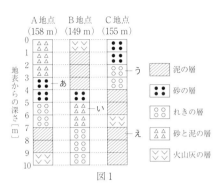

図1

〜C 地点にみられる火山灰の層は同じ火山の同じ噴火によってできたものとする。これについて、次の(1)〜(3)の各問いに答えなさい。(九州産大付九州高[改題])

(1) C 地点の海面からの高さが 154〜155m の砂の層には、サンゴの化石が含まれていた。このことから、この層が堆積した当時の環境は、どのようであったか。最も適当なものを次のア〜エの中から1つ選び、記号で答えなさい。また、このような化石の名称を漢字4字で答えなさい。

記号(　　　)　名称(　　　　　　)

ア　あたたかくて深い海の底であった。　　イ　河口や湖であった。

ウ　やや寒い陸上であった。　　エ　あたたかくて浅い海の底であった。

(2) この地域において、火山灰の層よりも下の地層のようすから考えられることについて述べた文として最も適当なものを、次のア〜エの中から1つ選び、記号で答えなさい。(　　　)

ア　上の地層ほど含まれる粒が小さくなっているので、この地域は、海底にあった時期があり、長い間に河口までの距離がしだいに短くなった。

イ　上の地層ほど含まれる粒が小さくなっているので、この地域は、海底にあった時期があり、長い間に河口までの距離がしだいに長くなった。

ウ　上の地層ほど含まれる粒が大きくなっているので、この地域は、海底にあった時期があり、長い間に河口までの距離がしだいに短くなった。

エ　上の地層ほど含まれる粒が大きくなっているので、この地域は、海底にあった時期があり、長い間に河口までの距離がしだいに長くなった。

(3) 図1中のあ〜えの層を、堆積した時代の古いものから順に並べかえなさい。

(　　　→　　　→　　　→　　　)

8 地 震

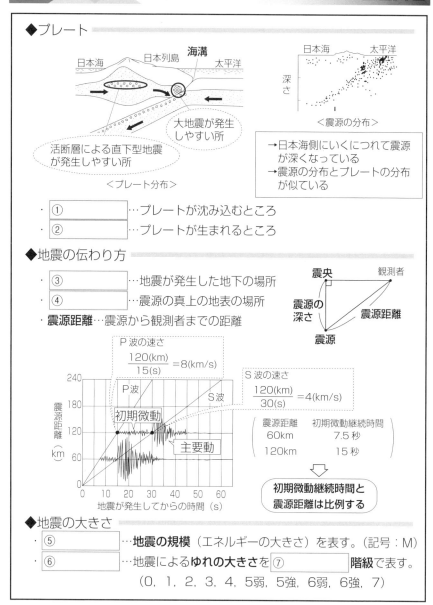

◆プレート

日本海　　日本列島　**海溝**　　太平洋

大地震が発生
しやすい所

活断層による直下型地震
が発生しやすい所

＜プレート分布＞

日本海　　　　太平洋

深さ

＜震源の分布＞

→日本海側にいくにつれて震源
　が深くなっている
→震源の分布とプレートの分布
　が似ている

・ ①　　　　　　…プレートが沈み込むところ
・ ②　　　　　　…プレートが生まれるところ

◆地震の伝わり方

・ ③　　　　　　…地震が発生した地下の場所
・ ④　　　　　　…震源の真上の地表の場所
・ **震源距離**…震源から観測者までの距離

震央　　　　観測者

震源の
深さ　　　　　　震源距離

震源

P波の速さ
$$\frac{120(km)}{15(s)} = 8(km/s)$$

S波の速さ
$$\frac{120(km)}{30(s)} = 4(km/s)$$

P波　　　　　　S波

初期微動

主要動

震源距離	初期微動継続時間
60km	7.5 秒
120km	15 秒

⬇

初期微動継続時間と
震源距離は比例する

震源距離（km）：240, 180, 120, 60, 0
地震が発生してからの時間（s）：0, 10, 20, 30, 40, 50, 60

◆地震の大きさ

・ ⑤　　　　　　…**地震の規模**（エネルギーの大きさ）を表す。（記号：M）
・ ⑥　　　　　　…地震による**ゆれの大きさ**を ⑦　　　　　　**階級**で表す。

（0，1，2，3，4，5弱，5強，6弱，6強，7）

1 図1は，日本列島付近の断面を模式的に表したものである。日本列島付近で地震が起こるしくみについて，(1)，(2)の問いに答えなさい。（山梨県[改題]）

図1

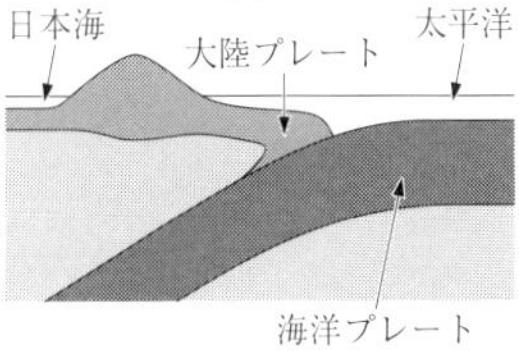

日本海　大陸プレート　太平洋

海洋プレート

(1) 次は，日本列島付近のプレートの運動について述べた文章である。　①　～　③　に当てはまる語句の組み合わせとして最も適当なものを，下のア～エから1つ選び，その記号を書きなさい。また，　④　には当てはまる語句を書きなさい。記号（　　）語句（　　　　）

　地球の表面はプレートとよばれる岩盤でおおわれており，日本列島付近には　①　のプレートが集まっている。海洋プレートと大陸プレートの境界で起こる地震の震源は，太平洋側で　②　，日本海側に近づくにつれて　③　なっている。

　プレートの運動によって起こった大地の変化には，地層が破壊されてずれることによってできた断層や，地層が押し曲げられることによってできた　④　などがある。

ア　①　4つ　　②　深く　　③　浅く
イ　①　3つ　　②　浅く　　③　深く
ウ　①　4つ　　②　浅く　　③　深く
エ　①　3つ　　②　深く　　③　浅く

(2) 海洋プレートと大陸プレートの境界付近では，海洋プレートの動きにともなって大陸プレートに大きな力がゆっくりと加わり，大陸プレートはひずむ。やがてひずみが限界に達すると，大陸プレートの先端部が急激に動き，大きな地震が発生する。このときの先端部における上下方向の動きを模式的な図に表すと，どのようになると考えられるか。次のア～エから最も適当なものを1つ選び，その記号を書きなさい。ただし，図の‐‐‐‐は，大きな地震が発生したときの先端部の動きを表している。（　　　）

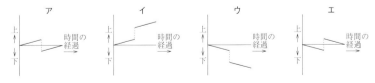

2 日本列島は地震が発生しやすい地域にあります。次の図1は，ある日の午前7時29分49秒に発生した地震について，震源からの距離が112kmの地点Aで観測された地震波のデータを示したものです。また，表1は地点Aと地点Bにおいて，図1のaで示されているゆれとbで示されているゆれが始まった時刻をまとめたものです。以下の問いに答えなさい。（天理高[改題]）

図1

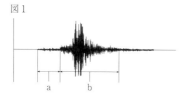

表1

地点	aのゆれが始まった時刻	bのゆれが始まった時刻
A	午前7時30分 5秒	午前7時30分17秒
B	午前7時30分25秒	

(1) 図1のaとbに示されているゆれを引き起こす地震波をそれぞれ何といいますか。a（　　　　　）　b（　　　　　）

(2) 図1のaのゆれが始まってからbのゆれが始まるまでの時間を何といいますか。漢字8文字で答えなさい。□□□□□□□□

(3) 地点Bは震源から何km離れていますか。（　　　　　km）

(4) 図1のbで示されている地震波が伝わる速さは何km/sですか。

（　　　　　km/s）

(5) 地点Bでbのゆれが始まる時刻は午前何時何分何秒ですか。

（午前　　時　　分　　秒）

(6) 地震に関する文として正しいものを**ア〜エ**から2つ選び，記号で答えなさい。（　　　）（　　　）

ア 海岸の埋め立て地のような砂地では，地震により土地が液状化することがある。

イ 地震の規模の大小は震度で表され，その段階は震度0から震度7まである。

ウ 地震が最初に発生した地下の場所を震央といい，震央の真上にある地表の位置を震源という。

エ マグニチュードが2増えると，地震のエネルギーは1000倍になる。

3 図は，ある地域の地表に近いところで発生した地震での波の到着時刻と震源からの距離との関係を表したグラフと，震源からの距離が30km，60km，90kmのA地点，B地点，C地点におけるゆれの記録です。また，図中の直線はそれぞれP波，S波の2種の地震の波が到着した時刻を結んだ線であり，P波上の○とS波上の●は各グラフとの交点を示しています。ただし，この地域での地震の波が伝わる速さは変化しないものとします。これについて，次の(1)～(5)の各問いに答えなさい。
(九州産大付九州高)

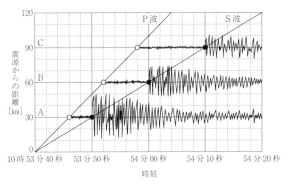

(1) B地点で，初期微動が始まった時刻は何時何分何秒ですか，答えなさい。
(　　　　　　　)

(2) 初期微動のあとに続く大きなゆれを何といいますか，答えなさい。
(　　　　　　　)

(3) このときの地震におけるP波が伝わる速さは何km/sですか，答えなさい。
(　　　　km/s)

(4) あるD地点の地震計の記録では，この地震の初期微動が始まったのは10時54分01秒でした。次の①，②の各問いに答えなさい。

　① 震源からD地点までの距離はおよそ何kmですか，答えなさい。
(　　　　km)

　② D地点では，初期微動はおよそ何秒間続きましたか，答えなさい。
(　　　　秒)

(5) 地震が発生したとき，震度やマグニチュードという単位を用いることがあります。マグニチュードとは何を表すものですか，簡潔に答えなさい。
(　　　　　　　　　　　　　　)

9 気象の観測

近道問題

◆空気中の水蒸気

・**湿度**…飽和水蒸気量に対する空気中に含まれている水蒸気量の割合

$$湿度（\%）= \frac{含まれている水蒸気量（g）}{飽和水蒸気量（g）} \times 100$$

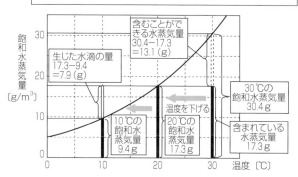

・ ① …空気中に含まれている水蒸気量と，飽和水蒸気量
が等しくなり，水滴に変わりはじめる温度

◆雲のでき方

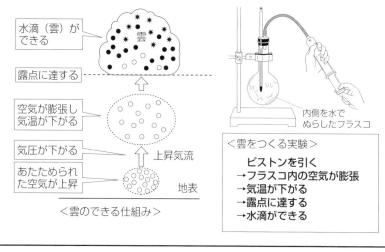

<雲のできる仕組み>

◆気圧

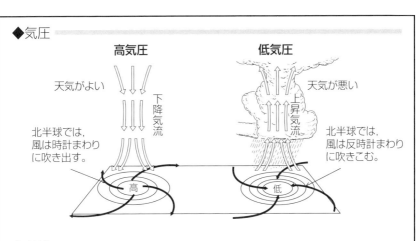

◆前線

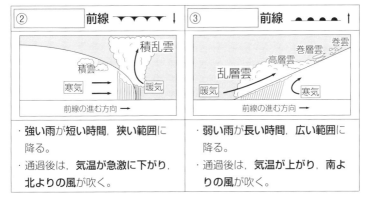

② 前線 ▼▼▼▼ ↓	③ 前線 ●●●● ↑
・強い雨が**短い時間**，**狭い範囲**に降る。 ・通過後は，**気温が急激に下がり**，**北よりの風**が吹く。	・弱い雨が**長い時間**，**広い範囲**に降る。 ・通過後は，**気温が上がり**，**南よりの風**が吹く。

・**閉そく前線**…寒冷前線の進む速さが温暖前線より速いために，追いついてできる前線。

　　　　[記号] ●▲●▲●▲●　　（↑進行方向）

・④ [　　　　　]…寒気と暖気の勢力がほぼ同じため，同じ場所に長く停滞する前線。

　　　6月～7月：**梅雨前線**　　9月～10月：**秋雨前線**

　　　[記号] ●▬●▬●▬●　　↑北　↓南

1 気温と湿度の関係を調べるために，室温 18 ℃の教室内で次の実験を行いました。ただし，教室や実験で用いる透明容器内の温度が実験中に変化することはないものとします。また，下のグラフは気温と飽和水蒸気量の関係を示したものです。以下の問いに答えなさい。

(天理高)

【実験】 金属製のコップを用意し，そのコップに教室の室温と同じ温度の水を入れた。その水に氷を入れた後，コップごと 1 m³ の透明容器に入れ，透明容器を密閉した。しばらくすると，コップの表面が小さな水滴でくもりだした。くもり始めた時の水の温度を測定すると 11 ℃であった。

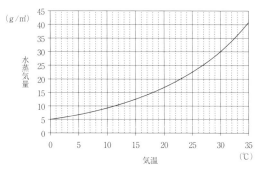

⑴ この教室内の空気の露点は何℃ですか。(　　　　　℃)

⑵ 飽和水蒸気量のグラフをもとに，この教室の湿度が何％であるか計算して求めなさい。ただし，答えは小数第 1 位を四捨五入して整数で答えなさい。

(　　　　　％)

⑶ 教室内の体積が 200 m³ だとすると，この教室内の空気は最大であと何 g の水蒸気を含むことができますか。(　　　　　g)

⑷ 透明容器内の空気を均一に 6 ℃まで冷やした場合，およそ何 g の水滴ができますか。グラフから読み取り，次のア～エから 1 つ選び，記号で答えなさい。(　　　)

ア 1.0g　　イ 2.5g　　ウ 5.0g　　エ 7.5g

⑸ この教室の湿度を 50 ％にしたい場合，室温を何℃にすればよいですか。グラフから読み取り，整数で答えなさい。(　　　　　℃)

2 大阪のある地点 A で，気温，天気の変化を観察した。図は観察した日の午前 6 時の天気図である。次の各問いに答えなさい。 （太成学院大高）

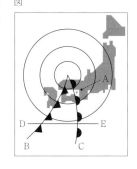

図

(1) 一般的な低気圧付近の風のふき方を表しているものはどれか，次のア〜エから選び記号で答えなさい。
（　　　）

ア　　　　　イ　　　　　ウ　　　　　エ

(2) 図のように前線をともなった低気圧を特に何というか，名称を答えなさい。
（　　　　　　　）

(3) 前線 B の名称を答えなさい。（　　　　　　　）

(4) 地点 A を B の前線が通過したのち，気温と天気はどうなるか，次のア〜エから選び記号で答えなさい。（　　　　）
　ア　天気は良くなり，気温は上昇する。
　イ　天気は悪くなり，気温は上昇する。
　ウ　天気は良くなり，気温は下降する。
　エ　天気は悪くなり，気温は下降する。

(5) 図の D—E の垂直断面図を南側から描くとどうなるか，次のア〜エから選び記号で答えなさい。（　　　　）

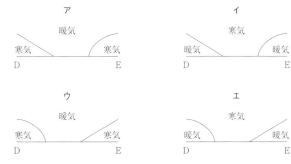

10 日本の天気　近道問題

◆気団と天気

・春，秋の天気

揚子江気団の一部が離れてできた ① [　　　] 高気圧と低気圧が日本付近に交互にやってくるため，**天気は変わりやすい。**

・梅雨，秋雨の天気

② [　　　] 気団と**小笠原気団**の勢力がほぼ等しくなり，日本付近に ③ [　　　] 前線ができ，**雨の日が多くなる。**

・夏の天気

④ [　　　] 気団の勢力が増し，日本付近をこの高気圧がおおい，**南高北低**の気圧配置となる。そのため，南からの湿った空気が入り込み，**蒸し暑い晴れの日**が続く。

・冬の天気

⑤ [　　　] 気団の影響で，⑥ [　　　] の気圧配置となり北西の冷たい季節風が吹き込む。**日本海側では雪が多く，太平洋側では乾燥した晴れの日**が多くなる。

春・秋の天気図

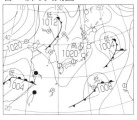

梅雨の天気図

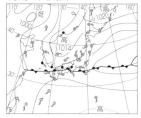

夏の天気図

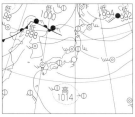

冬の天気図

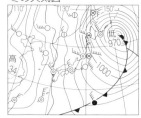

1 日本付近の気象について，各問いに答えなさい。　　　　　(追手門学院高)

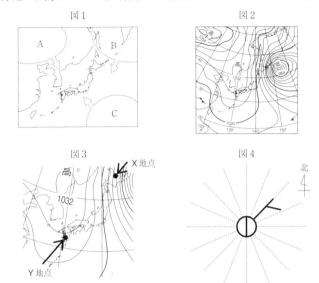

図1　　　　　　　　　　　　図2

図3　　　　　　　　　　　　図4

(1) 図1のA〜Cの気団をそれぞれ何といいますか答えなさい。また，それぞれの性質をあらわしているものを，次の**ア〜エ**から選び，記号で答えなさい。

　　A (　　　　　気団)(　　　)　　B (　　　　　気団)(　　　)

　　C (　　　　　気団)(　　　)

　　ア 冷たく，乾燥している　　**イ** 冷たく，湿っている

　　ウ 暖かく，湿っている　　**エ** 暖かく，乾燥している

(2) 図2の天気図は，Aの気団が発達している時の典型的な天気図です。このときの季節を答えなさい。また，図2のような気圧配置を漢字4文字で答えなさい。季節(　　　　　) 気圧配置(　　　　　)

(3) 図3は，図2を拡大したものです。X地点とY地点では，どちらの方が強い風が吹いていますか，記号で答えなさい。(　　　　　地点)

(4) 図4は，Y地点の天気記号です。天気，風向，風力をそれぞれ答えなさい。

　　天気(　　　) 風向(　　　　　) 風力(　　　　　)

(5) 冬が過ぎ3月下旬になると，4〜7日の周期で天気が変わることが多くなります。その理由について □ に適当な語句を入れ，さらに続けて答えなさい。

　　(□ 風の影響を受けて，　　　　　　　　　　　　　　　　　)

2 図1～図4は日本のさまざまな季節の天気図である。これらの図について，2人の中学生FとJの会話文を読み，次の各問いに答えなさい。

（福岡工大附城東高）

図1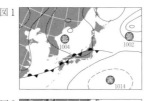
図2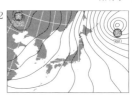
図3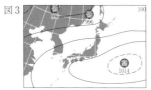
図4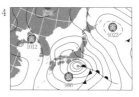

F 「図1は停滞前線があるから梅雨かな。」

J 「停滞前線だからといって，梅雨前線とは限らないよ。【 ① 】前線の可能性もあるから。梅雨とは言い切れないと思うよ。」

F 「図2は西高東低の気圧配置だから冬だね。等圧線が南北方向になるのが特徴で，ア 間隔がせまくなるほど強い季節風が吹くよ。シベリア気団が発達して，その影響でイ 日本海側に大雪を降らせるよね。」

J 「ウ シベリア気団はシベリアで発達する湿潤な気団だから大雪を降らせるよ。」

F 「図3はエ 小笠原気団に日本列島が覆われているから夏だね。」

J 「そうだね。晴れの日が多くてよさそうだけど，近年は35℃以上の日が多くなって，オ 最高気温35℃以上の日を指す真夏日という用語が新たに使われるようになったよ。熱中症対策の重要性が高まっているね。」

F 「図4は台風が日本に上陸しようとしているから，季節は夏か秋かな。」

J 「いや，あれは台風じゃないよ。なぜなら，台風に【 ② 】からね。図4は温帯低気圧と移動性高気圧が交互にやってくる春じゃないかな。」

F 「そうか，だからカ 春は三寒四温の時期なんだね。」

(1) 空欄①に当てはまる語句を答えなさい。（　　　　　　　）

(2) 下線部ア～カの中から誤りを含むものを2つ選び，記号で答えなさい。

（　　　）（　　　）

(3) 空欄②に当てはまる内容を答えなさい。（　　　　　　　　　　　）

3 図1のa〜cは，連続した3日間の午前9時の天気図です。ただし，日付の順に並べたものではありません。

(大阪夕陽丘学園高)

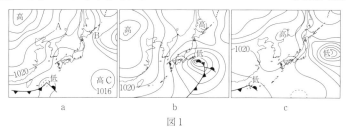

図1

(1) 天気図aのAは，気圧が等しい地点を結んだ線である。この線を何というか。（　　　）

ア　等温線　　イ　等圧線　　ウ　等高線　　エ　同圧線　　オ　同温線

カ　高圧線

(2) 天気図aのB地点での風向，風力，天気は，図2のように表されていた。風向と天気をそれぞれ選びなさい。

図2

風向（　　　）天気（　　　）

風向　ア　北北西　　イ　西北西　　ウ　南南東　　エ　東南東

天気　ア　快晴　　イ　晴れ　　ウ　くもり　　エ　雨　　オ　雪

カ　にわか雨

(3) 天気図aの高気圧Cの中心付近における大気の動きを示した図を次のア〜エから1つ選びなさい。（　　　）

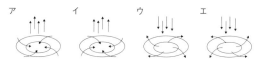

(4) 天気図a〜cが日付の順になるように並べかえたものとして正しいものを1つ選びなさい。（　　　）

ア　a→b→c　　イ　a→c→b　　ウ　b→a→c　　エ　b→c→a

オ　c→b→a　　カ　c→a→b

11 地球の自転・公転

近道問題

◆地球の自転

地軸を中心に１日１回，**西から東**へ回転する運動。

> １日に 360° → **１時間に 15°**

◆太陽の１日の動き

ペンの影の先端が中心にくるように印をつける

↓

● 印と印の間隔が等しい
● 太陽は ① から ②
へ移動する（太陽の**日周運動**）

↓

**一定の速さで地球は西から東へ
自転している**

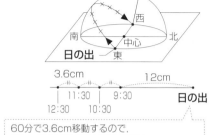

> 60分で3.6cm移動するので，
> 12cm移動するのにかかる時間は，
>
> $$60(分) \times \frac{12(cm)}{3.6(cm)} = 200(分) = 3時間20分$$
>
> よって，日の出の時刻は6時10分

◆星の１日の動き

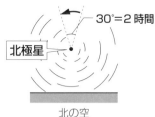

● 北極星はほとんど動かない
→地軸の延長線上にあるから。
● 北極星の高度＝その地点の緯度

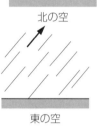

東の空

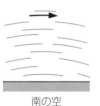

南の空

西の空

◆太陽の1年の動き

地球が1年に太陽の周りを1回公転することにより，太陽は星座の間を

1か月に30° ずつ ③ [＿＿＿] から ④ [＿＿＿] に移動する。（太陽の**年周運動**）

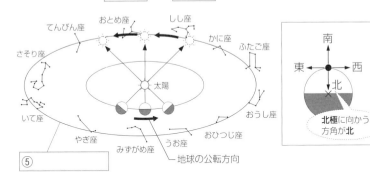

⑤ [＿＿＿＿＿＿＿＿]

※季節によるさまざまな特徴

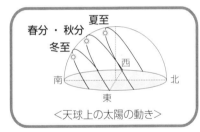

<天球上の太陽の動き>

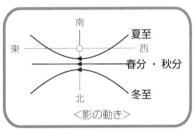

<影の動き>

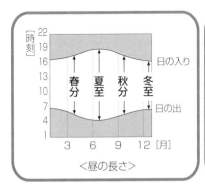

<昼の長さ>

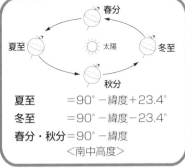

夏至　＝90°－緯度＋23.4°
冬至　＝90°－緯度－23.4°
春分・秋分＝90°－緯度
<南中高度>

1 太陽の動きに関する，次の観測を行った。これをもとに，以下の各問いに答えなさい。 (石川県[改題])

[観測] 石川県内の地点 X で，よく晴れた春分の日に，9 時から 15 時まで 2 時間ごとに，太陽の位置を観測した。図 1 のように，観測した太陽の位置を透明半球の球面に記録し，その点をなめらかな曲線で結んだ。なお，点 O は観測者の位置であり，点 A〜D は，点 O から見た東西南北のいずれかの方位を示している。また，表は，地点 X の経度と緯度を示したものである。

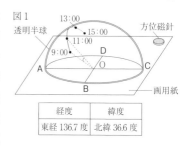

図 1

経度	緯度
東経 136.7 度	北緯 36.6 度

(1) 太陽は，みずから光を出す天体である。このような天体を何というか，書きなさい。(　　　　)

(2) 観測者から見た北はどちらか，図 1 の点 A〜D から最も適切なものを 1 つ選び，その符号を書きなさい。(　　　　)

(3) 9 時に記録した点を P，11 時に記録した点を Q とする。∠POQ は何度か，次のア〜エから最も適切なものを 1 つ選び，その符号を書きなさい。

(　　　　)

　ア　15 度　　イ　20 度　　ウ　25 度　　エ　30 度

(4) 地点 X での，春分の日の太陽の南中高度は何度か，求めなさい。ただし，地点 X の標高を 0 m とする。(　　　　度)

(5) 地点 X で，春分の日に行った観測と同じ手順で，夏至の日，冬至の日にも太陽の位置を観測し，9 時に記録した点から 15 時に記録した点までの曲線の長さを調べた。曲線の長さについて述べたものはどれか，次のア〜エから最も適切なものを 1 つ選び，その符号を書きなさい。(　　　　)

　ア　春分の日が最も長い。　　イ　夏至の日が最も長い。

　ウ　冬至の日が最も長い。　　エ　すべて同じである。

2 図1のa〜cの線は，日本の北緯35°のある地点Pにおける，春分，夏至，秋分，冬至のいずれかの日の太陽の動きを透明半球上で表したものである。また，図2は，太陽と地球および黄道付近にある星座の位置関係を模式的に示したもので，A〜Dは，春分，夏至，秋分，冬至のいずれかの日の地球の位置を表している。後の問いに答えなさい。 (富山県[改題])

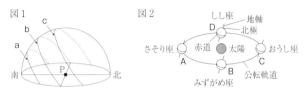

(1) 図1において，夏至の日の太陽の動きを表しているのはa〜cのどれか。また，図2において，夏至の日の地球の位置を表しているのはA〜Dのどれか。それぞれ1つずつ選び，記号で答えなさい。

太陽の動き（　　　）　地球の位置（　　　）

(2) 図2において，地球がCの位置にある日の日没直後に東の空に見える星座はどれか。次のア〜エから1つ選び，記号で答えなさい。（　　　）

ア　しし座　　イ　さそり座　　ウ　みずがめ座　　エ　おうし座

(3) ある日の午前0時に，しし座が真南の空に見えた。この日から30日後，同じ場所で，同じ時刻に観察するとき，しし座はどのように見えるか。最も適切なものを次のア〜エから1つ選び，記号で答えなさい。（　　　）

ア　30日前よりも東寄りに見える。

イ　真南に見え，30日前よりも天頂寄りに見える。

ウ　30日前よりも西寄りに見える。

エ　真南に見え，30日前よりも地平線寄りに見える。

(4) 図3のように，太陽光発電について調べる実験を行ったところ，太陽の光が光電池に垂直に当たる傾きにしたときに流れる電流が最も大きくなった。夏至の日の地点Pにおいて，太陽が南中するときに，太陽の光に対して垂直になるように光電池を設置するには傾きを何度にすれば

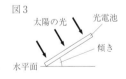

よいか，求めなさい。ただし，地球の地軸は公転面に対して垂直な方向から23.4°傾いているものとする。また，図3は実験の装置を模式的に表したものである。（　　　　度）

12 太陽系

◆太陽

プロミネンス（紅炎）

コロナ

| 中心部…1600万度 |
| 表面部…6000度 |
| 黒点部…4000度 |

① ｜ 周りより温度が低いため黒く見える。

・表面の観察
- ● 黒点が移動する
  →**太陽は自転している。**
- ● 黒点は端にいくほど縦長になる
  →**太陽は球形である。**

7日	
9日	
11日	
13日	
15日	

◆月

・表面の観察
- ● くぼ地（**クレーター**）が見られる
  → ② が衝突した。
- ● 常に同じ面を地球に向けている
  →**月の自転周期と公転周期が同じだから。**

・日食，月食

日食…太陽・月・地球の順に並び，月が太陽をかくす現象

月食…太陽・地球・月に順に並び，月が地球の影に入る現象

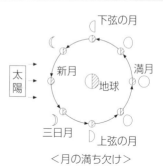

＜月の満ち欠け＞

下弦の月 / 新月 / 満月 / 地球 / 三日月 / 上弦の月 / 太陽

◆太陽系

・惑星…太陽の周りを公転する8個（水星・金星・地球・火星・木星・土星・天王星・海王星）の天体

・金星の観察

明けの明星…明け方，③ の空

よいの明星…夕方，④ の空

1 次の各問いに答えなさい。 （東海大付福岡高）

(1) 右図は，太陽の表面の様子を毎日同じ時刻に連続してスケッチしたものです。

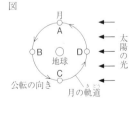

① 図の中にみられる黒いしみのようなものを何というか答えなさい。（　　　）

② 黒いシミの位置が変わって見えることから，どんなことがわかりますか。「太陽は，」に続けて簡潔に答えなさい。
（太陽は，　　　　　　　　　　　　　　　　　　　　）

③ 太陽を天体望遠鏡で観察するとき，絶対にしてはいけないことは何か。「天体望遠鏡」という語句に続けて簡潔に答えなさい。
（天体望遠鏡　　　　　　　　　　　　　　　　　　　　）

(2) 太陽系の惑星について，答えなさい。

① もっとも太陽から離れている惑星の名前を漢字で答えなさい。
（　　　　　　　）

② もっとも半径が大きい惑星の名前を漢字で答えなさい。（　　　　　　）

③ 地球型惑星の特徴を，次のア～エの中から1つ選び，記号で答えなさい。
（　　　）

ア　おもに岩石からできていて，密度が大きい。

イ　おもに気体からできていて，密度が小さい。

ウ　おもに岩石からできていて，密度が小さい。

エ　おもに気体からできていて，密度が大きい。

2 図は，月，地球の位置関係および太陽の光の向きを模式的に示したものである。このことについて，後の各問いに答えなさい。 （三重県[改題]）

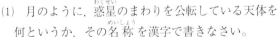

(1) 月のように，惑星のまわりを公転している天体を何というか，その名称を漢字で書きなさい。
（　　　　　　）

(2) 日食が起こるのは，月がどの位置にあるときか，図のA～Dから最も適当なものを1つ選び，その記号を書きなさい。（　　　）

3 図 1 は地球, 金星, 太陽の位置関係を, 図 2 は図 1 の A ～ E のいずれかの位置に金星があるときに, 地球から見える金星の形を表したものです。次の各問いに答えなさい。 (平安女学院高)

図 1

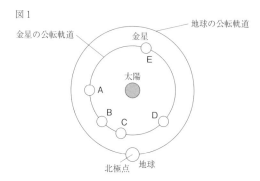

図 2

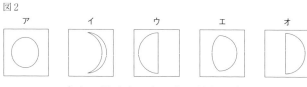

(1) 図 1 の A ～ E のうち, 明け方, 東の空に見える金星の位置はどれですか。当てはまるものをすべて答えなさい。(　　　　　)

(2) 夕方, 西の空に見える金星を何といいますか。(　　　　　)

(3) 金星が図 1 の A, D にあるときに, 地球から見える金星の形を図 2 のア～オからそれぞれ答えなさい。A (　　　) D (　　　)

(4) 金星は真夜中には見ることができません。その理由を説明しなさい。

(　　　　　　　　　　　　　　　　　　　　　　　　　　　　　　)

解答・解説
近道問題

1. 植物のつくりとなかま

① 柱頭　② やく　③ 子房　④ 胚珠
⑤ がく　⑥ 胚珠　⑦ 花粉のう
⑧ ある　⑨ 胞子

1 (1) A. 柱頭　B. やく　C. 花弁
D. 子房　E. 胚珠
(2) ア　(3) 花粉のう
2 (1) 維管束
(2)（図1）B　（図2）D　（名称）師管
(3) ア・ウ・エ
3 (1) 胞子　(2) 裸子植物　(3) 単子葉類
(4) D. ア　E. ウ
4 (1)① なく　② ない　(2) シダ植物

◇ 解説 ◇

1 (1) A はめしべの先端を示しているので
柱頭。B はおしべの先端のやくで，花粉が
つくられる。E の胚珠は D の子房の中に
ある。
(2) マツの雌花の鱗片には胚珠がついている。
(3) マツの雄花の鱗片には花粉のうがあり，
花粉がつくられる。
2 (2) 葉の維管束は表側に道管，裏側に師管
がある。茎の維管束は茎の中心側に道管，
外側に師管がある。
(3) 図2の維管束はばらばらに散らばってい
るので単子葉類と考えられる。ヒマワリと
ホウセンカは双子葉類。
3 (4) ア．ツツジ　イ．イチョウ（裸子植物）
ウ．アブラナ　エ．ユリ（被子植物の単子
葉類）
4 (1) コケ植物は維管束が発達していない。
根，茎，葉の区別がなく，全身で水を吸収
する。

2. 植物のはたらき

① デンプン　② 茎　③ 水面

1 (1) ウ　(2) 網状脈　(3) 葉を脱色するた
め。(4) ヨウ素〔溶〕液　(5)① ア　② オ
2 (1)① イ　② ウ　③ カ　④ ク　(2) ウ
(3) 二酸化炭素　(4) 対照実験
3 (1) 裏　(2) 大きくなる
(3) 蒸発するから。(4) 6.2（ g ）　(5) 気孔
(6) 酸素（または，二酸化炭素）

◇ 解説 ◇

1 (1) 葉の中のデンプンをなくすために，ア
ジサイの鉢植えを暗い場所に置いておく。
(5)① 図より，光が当たっているが，葉緑
体の有無だけが異なる部分を比べる。② 図
より，葉の緑色の部分のうち，光の有無だ
けが異なる部分を比べる。
2 (1) 試験管 B のオオカナダモには光が当
たっていないので，光合成は行わない。呼
吸では酸素を吸収して二酸化炭素を放出す
る。二酸化炭素が水にとけると酸性になる。
(2)・(3)(1)より，試験管 B の中の溶液は酸性
になるので，BTB 溶液の色は黄色。試験
管 C のオオカナダモは呼吸よりも光合成を
さかんに行っているので，溶液にとけてい
る二酸化炭素は吸収されて少なくなり，溶
液はアルカリ性になる。よって，BTB 溶
液の色は青色。
3 (1) 蒸散する部分をまとめると，A は葉
の裏と茎，B は葉の表と茎，C は茎。表よ
り，A と B の水の減少量を比べると，A は
4.8g，B は 2.6g なので，葉の裏側で蒸散が
盛んにおこなわれていることがわかる。

(4) 葉の表側からの，1時間の水の減少量は，B － C ＝ 2.6（g）－ 1.2（g）＝ 1.4（g） 葉の裏側からの，1時間の水の減少量は，A － C ＝ 4.8（g）－ 1.2（g）＝ 3.6（g） 茎からの水の減少量は1.2g。アジサイにワセリンを塗らないとき，葉の表，葉の裏，茎から蒸散するので，1時間の水の減少量は，1.4（g）＋ 3.6（g）＋ 1.2（g）＝ 6.2（g）

(6) 植物が光合成をおこなうときには，空気中の二酸化炭素を気孔から取り入れ，酸素を気孔から放出する。また，植物が呼吸をおこなうときには，空気中の酸素を気孔から取り入れ，二酸化炭素を気孔から放出する。

┃3. 動物のつくりとなかま┃

① 背骨 ② 節足 ③ 相同

1 (1) ア．肺 イ．皮ふ （順不同）
(2) ハチュウ類 (3) ① 外骨格 ② エ
2 (1) セキツイ動物 (2) (X) 肺 (Y) 皮膚
(3) エ・カ
3 (草食動物) イ・ウ・カ・キ （肉食動物）ア・エ・オ・ク
4 (1) イ (2) イ (3) ウ
(4) ① (A) 卵生 (B) 肺呼吸 ② エ

◇ 解説 ◇

1 (2) 魚類は C のメダカ，両生類は A のカエル，ハチュウ類は B のトカゲと E のカメ，鳥類は D のハト，ホニュウ類は F のウサギ。
(3) ② クモとバッタは節足動物で，クラゲは無セキツイ動物だが，節足動物でも軟体動物でもない。
2 (3) コウモリはホニュウ類。前あしはつばさに変化していて飛ぶことができる。

3 草食動物は敵からすばやく逃げられるようにするため，視野が広く広範囲を見わたせるように目が頭部の側面についている。肉食動物は獲物までの距離をつかむため，立体的に見えるように目は頭部の前方についている。草食動物は植物を食べるので，草食動物の腸の長さは肉食動物に比べて長くなっている。

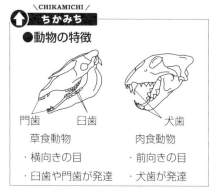

CHIKAMICHI
ちかみち
●動物の特徴

門歯 臼歯	犬歯
草食動物	肉食動物
・横向きの目	・前向きの目
・臼歯や門歯が発達	・犬歯が発達

4 (1) 幼生のオタマジャクシが成体のカエルに変化する過程は，進化ではなく変態。変態はその生物の一生の中で起こる変化だが，進化は長い時間をかけ，多くの代を重ねていく間に起こる変化。
(2) カエルの前あしと，ヒトの腕，イヌの前あし，鳥類のつばさ，クジラの胸びれなどは，形やはたらきがちがうが，もとは同じ器官であったと考えられる。
(3) 体全体が羽毛でおおわれており，つばさがあるのは鳥類としての特徴。一方，歯や長い尾をもち，つばさの先に爪があるのはハチュウ類の特徴。
(4) ① (A) ホニュウ類以外は卵生。(B) ハチュウ類は陸上生活をするので，肺呼吸をする。
② 水中から陸上の生活に適した生物へと進化してきた。

4. ヒトのからだのしくみ

① ブドウ糖　② アミノ酸　③ 柔毛
④ こうさい　⑤ レンズ　⑥ 網膜
⑦ 鼓膜　⑧ 耳小骨　⑨ うずまき管

1 (1) だ液　(2)(加熱前) 青(色)　(加熱後)
赤褐(色)　(3) B. 胃　E. 小腸　G. 肝臓
(4) 塩酸　(5) イ・ウ・エ　(6)(液体) 胆汁
(場所) 十二指腸　(7) オ

2 (1)① c　② b　(2) A. 肺　B. 肝臓
(3) 肺循環　(4) f　(5) イ・オ

3 ウ

◇ 解説 ◇

1 (1) A はだ液腺。

(2) デンプンはだ液によって麦芽糖などに分
解される。麦芽糖などが含まれている液体
に青色のベネジクト液を加えて加熱すると
赤褐色に変わる。

(4) 胃から分泌される消化液は胃液。

(5) C の器官はすい臓。ア. 胃液に含まれ
る。オ. 脂肪が消化されてできる物質。

(6) F の器官は胆のう。

(7) オ. 尿はじん臓でつくられる。

\CHIKAMICHI/
↑ ちかみち

●代表的な消化酵素

アミラーゼ（だ液）　➡　デンプン

ペプシン（胃液）　➡　タンパク質

トリプシン（すい液）➡　タンパク質

リパーゼ（すい液）　➡　脂肪

2 (1) 図の A は肺で，心臓から肺に向かう
b の血管に二酸化炭素を最も多く含む血液，
肺から心臓に向かう c の血管に酸素を最も
多く含む血液が流れている。

(2) B は，小腸で吸収した栄養分が運ばれる
ので肝臓。

(4) 尿素はじん臓で血液中からこしとられて

尿として体外に放出されるので，じん臓か
ら出てくる血液が流れる血管 f が尿素の量
が最も少ない血管。

(5) デンプンが消化されたブドウ糖と，タン
パク質が消化されたアミノ酸は，小腸の柔
毛の毛細血管に吸収されて d の血管を流れ
る血液によって肝臓に運ばれるが，脂肪が
消化された脂肪酸とモノグリセリドは再び
脂肪に合成されてリンパ管に吸収される。

\CHIKAMICHI/
↑ ちかみち

●じん臓のつくり

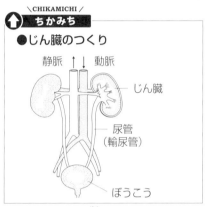

3 筋肉が縮むと，腱につながっている骨が
その筋肉の方へ引きよせられる。

\CHIKAMICHI/
↑ ちかみち

●運動のしくみ

┃5. 生殖・遺伝┃

① 有性生殖　② 無性生殖

1 1. (1) (ア→)イ→エ→オ→ウ　(2) 発生
2. (1) ① イ　② ア　③ イ　(2) 40 (倍)
2 (1) 体細胞分裂　(2) ア　(3) エ　(4) ア
(5) (A→)D→C→E→B→F　(6) 染色体
(7) 減数分裂
3 (1) DNA (または，デオキシリボ核酸)
(2) A　(3) エ　(4) イ　(5) Y. Bb　Z. bb
◇ 解説 ◇
1 2. (1) 卵細胞は胚珠の中にできる。また，受精後，果実になるのは子房。(2) 最も広い視野で観察できるのは最も低倍率のとき。つまり，倍率が 10 倍の接眼レンズと倍率が 4 倍の対物レンズを組み合わせたときで，その倍率は，10 × 4 = 40 (倍)
3 (2) 体細胞の中には，形，性質の同じ染色体が 2 本ずつ組みになって入っている。生殖細胞をつくるときは，この各組の染色体が 1 本ずつに分かれて生殖細胞に入る。よって，体細胞は AA，生殖細胞は A。
(3) 孫に現れた種子の丸形としわ形の個体数を見ると，5474：1850 ≒ 3：1 になっている。これは，Aa × Aa により孫は AA，Aa，Aa，aa となり，丸形(AA，Aa，Aa)：しわ形(aa) = 3：1 となるため。よって，子葉が黄色の個体数は，2001 × 3 = 6003
(4) 丸形 (AA，Aa，Aa) のうち，遺伝子の組合せが AA の個体数は，$\dfrac{5474}{3} ≒ 1825$
(5) Z は草たけが低いので，遺伝子の組合せは bb となる。BB と bb をかけ合わせると，すべて Bb。Bb と bb をかけ合わせると，Bb，Bb，bb，bb。bb と bb をかけ合わせるとすべて bb。

┃6. 生物のつながり┃

① 食物連鎖　② 消費者　③ 生産者
④ 分解者

1 (1) ウ
(2) ① 消費者　② 草食動物・肉食動物
(3) (B) イ　(C) ア
2 (1) 食物連鎖
(2) (生物 D) 分解者　(生物 C) 肉食動物
(3) 大気中の二酸化炭素→生物 A
(4) ウ→ア→イ→エ　(5) イ
3 (1) 呼吸　(2) ウ　(3) イ　(4) にごらない
◇ 解説 ◇
1 (1) クモ・カエルは肉食動物。
(3) 肉食動物が増えると，肉食動物に食べられる草食動物が減る(エ)。肉食動物のえさが減るので，肉食動物が減り，植物は草食動物に食べられにくくなるので，植物が増える(イ)。植物が増えると，草食動物のえさが多くなるので，草食動物が増える(ア)。草食動物が増えると，草食動物に食べられる植物が減り(ウ)，草食動物をえさにする肉食動物が増え，つり合いのとれた状態にもどる。
2 (2) 図より，生物 D は動植物の遺骸や排出物を二酸化炭素に分解しているので分解者。生物 C は生物 B (草食動物)を食べるので肉食動物。
(3) 生物 A は生産者なので，光合成のときに大気中の二酸化炭素を吸収する。
(4) アは小型の魚類で，動物プランクトンなどを食べる。イは大型の魚類で，小型の魚類や昆虫などを食べる。エは鳥類で，魚類などを食べる。
(5) 二酸化炭素は温室効果ガスの 1 つで，地球温暖化の原因とされる。アはフロンガス，

ウは化学物質や重金属，エは硫黄酸化物や
窒素酸化物，大気中の微粒子などが原因で
起こる。

3 (1) 石灰水が白くにごったことから，二
酸化炭素が発生したことがわかる。

(2) 袋Aにはデンプン溶液を加えていない
ので，ヨウ素液は変化しない。

(3) 液中の生物は，デンプンを酸素を使って
分解し，二酸化炭素と水を放出する。

(4) こしとった液を煮沸すると中の微生物
が死んでしまうので，二酸化炭素は発生し
ない。

7. 大地の変化

① 火山岩　② 深成岩　③ 示相化石
④ 示準化石　⑤ 断層

1 (1) B　(2) ウ
(3) ① P. 斑晶　Q. 石基　② 斑状
③ ア．マグマ　イ．火成岩　④ 玄武岩
⑤ A　⑥ ウ
2 (1) (記号) エ　(名称) 示相化石　(2) イ
(3) い→え→う→あ

◇ **解説** ◇
1 (1) Aはマウナロアやキラウェア，Bは
平成新山や有珠山，Cは桜島や三原山など
がある。黒っぽい火成岩がよくみられるの
は，マグマのねばりけが小さい火山。

(3) ④ 火山岩のうち，鉱物にキ石やカンラ
ン石が含まれるのは玄武岩。⑥ ギョウカイ
岩は火山灰が堆積して固まったもの。ア．
マグマが地下でゆっくり冷えて固まった深
成岩の一つ。イ．生物の遺骸や水に溶けて
いた炭酸カルシウムが堆積して固まったも
の。エ．生物の遺骸や水に溶けていた二酸
化ケイ素が堆積して固まったもの。

2 (2) B地点の柱状図より，火山灰の層よ
り下の層では，下から，れきの層→砂と泥
の層→砂の層→泥の層という順に堆積して
いるので，上の層ほど含まれる粒が小さく
なっている。粒の大きなものは河口に近い
ところで堆積し，粒の小さなものは河口か
ら遠いところまで運ばれて堆積するので，
堆積する粒の大きさが小さくなっていくの
は，その場所の河口までの距離がしだいに
長くなったからと考えられる。

(3) A〜C地点にみられる火山灰の層は同じ
火山の同じ噴火によってできていることか
ら，火山灰の層を基準にして考える。火山
灰の層より，あは6m上，いは5m下，う
は4m上，えは1m下にあるので，たい積
した順は，い→え→う→あ。

8. 地震

① 海溝　② 海嶺　③ 震源　④ 震央
⑤ マグニチュード　⑥ 震度　⑦ 10

1 (1) (記号) ウ　(語句) しゅう曲　(2) エ
2 (1) a. P波　b. S波
(2) 初期微動継続時間　(3) 252 (km)
(4) 4 (km/s)
(5) (午前) 7 (時) 30 (分) 52 (秒)
(6) ア・エ
3 (1) 10時53分52秒　(2) 主要動
(3) 5 (km/s)　(4) ① 105 (km)　② 14 (秒)
(5) 地震のエネルギーの大きさ(または，地
震の規模)

◇ **解説** ◇
1 (2) 海洋プレートが大陸プレートの下に
もぐりこみ，大陸プレートが引きずりこま
れるので，大陸プレートの先端は下に動く。
大陸プレートのひずみが大きくなり限界に

達すると，大陸プレートは反発し，大陸プレートの先端は急激に上に動く。

2 (3) 表1で，P波が地点Aに到達するのにかかる時間は，7時30分5秒 − 7時29分49秒 = 16（秒）　P波が伝わる速さは，$\dfrac{112 \,(km)}{16 \,(s)} = 7 \,(km/s)$　また，P波が地点Bに到達するのにかかる時間は，7時30分25秒 − 7時29分49秒 = 36（秒）　よって，震源から地点Bまでの距離は，7（km/s）× 36（s）= 252（km）

(4) 表1で，S波が地点Aに到達するのにかかる時間は，7時30分17秒 − 7時29分49秒 = 28（秒）　S波の伝わる速さは，$\dfrac{112 \,(km)}{28 \,(s)} = 4 \,(km/s)$

(5) S波が地点Bに到達するのにかかる時間は，$\dfrac{252 \,(km)}{4 \,(km/s)} = 63 \,(s)$　bのゆれが始まる時刻は，7時29分49秒 + 63（秒）= 7時30分52秒

(6) **イ**．地震の規模はマグニチュードで表す。**ウ**．地震が起こった地下の場所が震源，震源の真上の地表の位置が震央。

3 (1) 時刻を表す横軸の1目盛りが2秒であることに注意する。

(3) 図より，P波が，震源からの距離が30kmのA地点に伝わるのにかかる時間は6秒なので，P波の秒速は，$\dfrac{30 \,(km)}{6 \,(s)} = 5 \,(km/s)$

(4) ① D地点で初期微動が始まった10時54分01秒は，地震が発生した10時53分40秒の21秒後。よって，震源からD地点までの距離は，5（km/s）× 21（s）= 105（km）　② 初期微動が続いた時間は，震源からの距離に比例する。図より，震源からの距離が30kmのA地点で初期微動が続

いた時間は4秒間なので，震源からの距離が105kmのD地点で初期微動が続いた時間は，4（s）× $\dfrac{105 \,(km)}{30 \,(km)} = 14 \,(s)$

9．気象の観測

① 露点　② 寒冷　③ 温暖　④ 停滞前線

1 (1) 11（℃）　(2) 67（％）　(3) 1000（g）
(4) **イ**　(5) 23（℃）

2 (1) **イ**　(2) 温帯低気圧　(3) 寒冷前線
(4) **ウ**　(5) **ウ**

◇ **解説** ◇

1 (1) コップの表面が水滴でくもり始めたときの水の温度が露点。

(2) グラフより，室温が18℃なので飽和水蒸気量は15g/m³。また，露点が11℃なので空気1m³中に含まれる水蒸気量は10g/m³。よって，湿度は，$\dfrac{10 \,(g/m^3)}{15 \,(g/m^3)} \times 100 \div 67 \,(\%)$

(3) 教室の空気が含むことができる水蒸気量は，15（g/m³）× 200（m³）= 3000（g）　すでに含まれている水蒸気量は，10（g/m³）× 200（m³）= 2000（g）　よって，このあと教室内の空気が含むことができる水蒸気の最大値は，3000（g）− 2000（g）= 1000（g）

(4) グラフより，6℃の飽和水蒸気量は約7.5g/m³。11℃と6℃の飽和水蒸気量の差は，10（g/m³）− 7.5（g/m³）= 2.5（g/m³）より，透明容器内にできる水滴は，2.5（g/m³）× 1（m³）= 2.5（g）

(5) 教室の空気1m³中に含まれる水蒸気が10gなので，湿度が50％になるときの飽和水蒸気量は，10（g/m³）÷ $\dfrac{50}{100}$ =

20 (g/m^3)　グラフより，飽和水蒸気量が $20g/m^3$ になるときの気温は 23 ℃。

2 (1) 低気圧では，中心に向かって反時計回りに風がふきこむ。

(3) 温帯低気圧は，南西方向に寒冷前線，南東方向に温暖前線をともなうことが多い。

(4) 寒冷前線の通過時には，にわか雨が降り，突風や雷をともなうことがある。通過後は，寒気の中に入るので気温は下がり，天気は回復する。

(5) 寒冷前線では，寒気が暖気の下にもぐりこんで進むため，暖気が押し上げられる。温暖前線では，暖気が寒気の上にはい上がっていく。

10. 日本の天気

① 移動性　② オホーツク海　③ 停滞
④ 小笠原　⑤ シベリア　⑥ 西高東低

1 (1) A. シベリア(気団)，ア　B. オホーツク海(気団)，イ　C. 小笠原(気団)，ウ
(2) (季節) 冬　(気圧配置) 西高東低
(3) X(地点)
(4) (天気) 晴れ　(風向) 北東　(風力) 1
(5) 偏西(風の影響を受けて，)移動性高気圧と低気圧が交互に移動してくるから。

2 (1) 秋雨　(2) ウ・オ
(3) 前線はともなわない

3 (1) イ　(2) (風向) ア　(天気) ウ　(3) ウ
(4) カ

◇ **解説** ◇

1 (1) 北の気団（A・B）は冷たく，南の気団（C）は暖かい。大陸の気団（A）は乾燥し，海洋の気団（B・C）は湿っている。

(3) 等圧線の間隔がせまいところほど気圧の変化が急なので，強い風がふく。

(4) 風向は風の吹いてくる方向を矢の向きで，風力は矢羽根の数で表す。

(5) 揚子江気団の一部が移動性高気圧となり，偏西風にのって日本にやってくる。

⬆ \CHIKAMICHI/ **ちかみち**

●**気団の性質**

（大陸側）←　　→（海洋側）

乾燥	湿潤

寒冷
↑(北側)
↓(南側)
温暖

2 (2) ウ．シベリア気団は乾いた気団。オ．最高気温 35 ℃ 以上の日は猛暑日。

3 (2) 矢の向きは風のふいてくる方角を表し，はねの数は風力を表している。

(3) 高気圧の中心付近では，下降気流が生じ，北半球の地上では，高気圧の中心から時計回りに風がふき出す。

(4) 前線をともなった低気圧が，天気図 a では南西諸島付近に，天気図 b では関東付近に，天気図 c では台湾付近に見られる。日本付近では，偏西風の影響で低気圧や高気圧が西から東へ移動することが多いので，前線をともなった低気圧の位置の変化より，日付の順に c → a → b と考えられる。

11. 地球の自転・公転

① 東　② 西　③ 西　④ 東　⑤ 黄道

1 (1) 恒星　(2) C　(3) エ　(4) 53.4（度）
(5) ア

2 (1)（太陽の動き）c （地球の位置）A
(2) エ　(3) ウ　(4) 11.6（度）

◇ **解説** ◇

1 (2) 太陽は東から出て，南の空を通り西に沈む。よって，太陽の通り道の傾いた A の方向が南で，反対側の C が北。

(3) 地球が 1 日に 1 回自転しているので，太陽が東から西へ 1 時間に動く角度は，$\dfrac{360°}{24}$ ＝ 15°　9 時から 11 時の 2 時間では，15° × 2 ＝ 30°

(4)（春分の日の太陽の南中高度）＝ 90° −（観測点の緯度）より，90° − 36.6° ＝ 53.4°

(5) 春分の日には，太陽は真東から出て真西に沈む。太陽の通り道を透明半球の下半分もいっしょに考えると，春分の日には球の直径の両端（図 1 の点 B と点 D）を通る円周になるので最も長い。太陽が最も北寄りを通る夏至の日，最も南寄りを通る冬至の日には，太陽の通り道の円周は最も短くなる。

2 (1) 夏至の日の太陽は真東より北寄りから出て，真西より北寄りに沈む。図 2 では，北極が太陽のほうに傾いているのが夏至の日の地球の位置。

(2) 日没時の太陽は西の空にあるから，東の空は太陽と反対の方向になる。C の位置で，地球から見て太陽と反対の方向にある星座はおうし座。

(3) 同じ時刻で比べたとき，星は 1 日に 1° ずつ西に移動した位置に見える。

(4) 北緯 35° における夏至の日の太陽の南中高度は，90° − 35° + 23.4° ＝ 78.4°　太陽の南中高度は，太陽と観測点を結ぶ直線と地平面がなす角なので，光電池の傾きは，180° − 78.4° − 90° ＝ 11.6°

12. 太陽系

① 黒点　② いん石　③ 東　④ 西

1 (1) ① 黒点　② （太陽は，）自転をしている。③ （天体望遠鏡を）直接のぞいてはいけない。(2) ① 海王星　② 木星　③ ア

2 (1) 衛星　(2) D

3 (1) D・E　(2) 宵の明星

(3) A．エ　D．ウ

(4) 金星は地球の内側を公転している内惑星だから。

◇ **解説** ◇

1 (2) ③ イは木星型惑星の特徴。

2 (2) 日食が起こるのは，太陽，月，地球が一直線に並ぶ新月のときで，太陽が月にかくされるので，太陽が欠けて見える。

3 (1) 地球は反時計回りに自転しているので，図 1 で地球から見て太陽よりも右側にある金星は明け方，東の空に見える。

(3) 太陽に照らされた部分だけが光って見えて，地球との距離が近くなるほど大きく欠けて見える。B はオ，C はイ，E はア。

\CHIKAMICHI/
ちかみち

⬆ ●金星の見え方

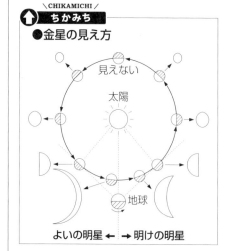

よいの明星 ← → 明けの明星